植物油的世界　待您来用心感受

ZHIWUYOU TUJIAN

植物油图鉴

王慧敏/编著

吃了几十年植物油，可惜我们还不懂

山西出版传媒集团

山西科学技术出版社

图书在版编目（CIP）数据

植物油图鉴/王慧敏编著. --太原:山西科学技术出版社,2016.3

ISBN 978-7-5377-5291-6

Ⅰ.①植… Ⅱ.①王… Ⅲ.①植物油－图集Ⅳ.①TQ645.1-64

中国版本图书馆CIP数据核字(2016)第041434号

植物油图鉴

出 版 人：	张金柱	
编 著：	王慧敏	
策 划：	深圳市金版文化发展股份有限公司	
责 任 编 辑：	吴 伟	
助 理 编 辑：	刘 菲	
责 任 发 行：	阎文凯	
版 式 设 计：	深圳市金版文化发展股份有限公司	
封 面 设 计：	深圳市金版文化发展股份有限公司	

出 版 发 行：山西出版传媒集团·山西科学技术出版社
　　　　　　　地址：太原市建设南路21号　邮编：030012
编辑部电话：0351-4922134　0351-4922145
发 行 电 话：0351-4922121
经 销：各地新华书店
印 刷：深圳市雅佳图印刷有限公司（0755-8244373）
网 址：www.sxkxjscbs.com
微 信：sxkjcbs

开 本：173mm×243mm　1/16　印张：14
字 数：320千字
版 次：2016年4月第1版　2016年4月第1次印刷
印 数：8000册

书 号：ISBN 978-7-5377-5291-6
定 价：48.00元

本社常年法律顾问：王葆柯
如发现印、装质量问题，影响阅读，请与印刷厂联系调换。

作者序

陌生人的问题里，有一句叫作"你平时有什么爱好"。如果我不想交朋友，会说"吃"，一般人都不会继续话题；如果我想交朋友，还是会说"吃"，然后展开话题。所以很明显，我的这本《植物油图鉴》是在想和你交朋友的状态下写的。

"吃喝嫖赌抽"这些坏事里，样样讲品位，不过"懂吃的坏家伙"是"嗜好圈"唯一德艺双馨的。你知道女人一胖，基本上都会有"贤良"感，肥男呢，至少看起来"好相处"。我曾经写过一篇文字"如果明天就不在了，今天要么吃，要么浪"，里面类比了孔子、老子、王阳明、贾府刘姥姥和西门庆，圣贤和纨绔在"吃"上会有新一轮人品输赢。你有知识，不一定就有趣呀！你思想品德课不及格，也不阻止你招人喜欢啊！

我曾经因为食堂换过工作，是一个极不安分的饮食者，早早定好"吃游人生，兼修人文"的志向。上得了法国米其林，下得了安徽料理，尝得了和牛鱼子酱，啃得了鸡爪猪大肠。"用味蕾狩猎全球餐桌"是我的人生理想。对，你没听错，"吃"是本人从生下来就始终坚持的理想，并感到自豪。结果，在25岁的那年，就胆固醇高了。我的"吃吃吃"生活变成"这也不能吃，那也不能吃"。女人是水做的，我是油水做的！动物油不能碰怎么成？直到我开始研究"植物油"，生活的另一面美味朝我翻滚着铺开。

好的植物油其实味道上一点都不逊色，光吃不会选，就只能买贵的，用钱砸概率。我的美国朋友告诉我，市面上有些"初榨橄榄油"吃起来像国外过期的橄榄油。我其实很相信中国的食品安全体系，只是我们要给"完善"一点时间。比如怎么鉴别花生油里掺了棕榈油，你可以把油放入10度的冰箱10分钟，掺了棕榈油的花生油几乎全部凝固。但棕榈油不是坏东西，涂脸上就会化腐朽为神奇，很多大牌化妆品都有这成分，除皱又保湿，所以要用对地方。我始终觉得，一个用名牌标榜品味的人，如果连每天吃进身体里的"品"和"味"都不关注，那是世界上最蠢的品味。

偷偷告诉你，我的胆固醇已经好了，吃出来的，就能吃回去。我分享的一些经过长期积累和验证的食物常识，希望能帮到每天忙碌的朋友和你们的家人。再快，也要慢下来给"生活"。"神婆爱吃"致力于传播美食文化与普及美食素养，感谢你的支持。Food bless you!

编者序

　　油脂作为人体六大营养素之一，是人体内最优秀的储备及利用的能源。植物油种类繁多，每一种植物油的颜色、风味、特性、营养成分、功效都不一样，我们该如何选择一种适合自己的好油呢？

　　本书以简洁明了的挑选步骤、清晰的油品制作方法和优劣势、图文并茂地教你读懂油瓶上的标签，教你做个精明的买油人！20种食用油、11种美容护肤油、7种保健养生油，每一种油品都有各自的ID卡，都有各自的颜色、口感、气味、特性、营养成分、保存技巧、适用的料理烹调方法、美肤的应用等，本书第一部分都进行了详细的介绍，再配以油品的实物图，可近距离了解油品的外观特性，便于辨认不同的油品，也有助于选购时鉴别纯正的油品。

　　在第2部分"'油'来一道道"板块，针对不同油品的烹调特性，诚挚为你推荐不同的美味菜肴，图文并茂讲解烹调步骤；并可通过刷描二维码，观看视频，手把手教你做出健康美味！第3部分侧重介绍了每种油品美容护肤的使用建议和注意事项，如搭配原则、皮肤保养、头发保养、口腔护理、手部护理等，条理清晰地给出不同部位保养的使用和搭配方案；还会教你如何自制安全面膜、护手霜、手工香皂，让你的美容护肤变得更加健康、安全。第4部分则侧重讲解了每种植物油不同的保健功能，如防治心血管疾病、防治各种癌症、调节内分泌等作用，以及植物油的使用建议、方法、适用人群等。

　　针对23种常见疾病，书中第5部分除讲解了每种疾病的医学含义、症状表现、危害之外，还着重介绍了针对疾病选择植物油的方法，以图表的形式推荐适合的植物油，并给出相应植物油的使用建议、营养功效，清晰陈列出不同疾病的适用植物油。

　　每个人都是每个家庭的重心，使用对的油，不但能够吃出不同的料理特色，更能让自己与家人除了享用美食外，还拥有健康。希望通过这本《植物油图鉴》，你可以对植物油有更进一步的了解，更灵活、更适合地选择油品，让味蕾有无添加、无负担的惊喜！

目录
Contents

PART 1

和植物油说声hi，你真的认识吗

PART 5

常见疾病的吃油策略

全球油品的分布表

来源	果实60 果肉				种籽									米	坚果						其他
称号	饱腹之油	黄金之液	生命之源	产量最大	东方橄榄油	男人守护者	永葆青春	埃及艳后最爱	青春之泉	应用最广泛	胆固醇之敌	吸收率之王	皮肤保健品	抗氧化之油	坚果之油	饕客专用	厨房之霸王	亮丽肌肤	坚果之王	皮肤的舒缓剂	最佳搭配
油品种类	椰子油	橄榄油	鳄梨油	棕榈油	苦茶油	南瓜子油	亚麻籽油	芝麻油	葡萄籽油	大豆油	葵花籽油	油菜籽油	大麻籽油	米糠油	澳洲胡桃油	核桃油	花生油	杏仁油	榛果油	摩洛哥坚果油	调和油
亚洲 中国					✔			✔		✔				✔		✔					✔
亚洲 印度					✔			✔									✔				
亚洲 日本										✔							✔				
亚洲 中国台湾					✔					✔				✔							
亚洲 泰国																					
亚洲 中南半岛		✔																	✔		
亚洲 以色列			✔																		
亚洲 俄罗斯											✔										
欧洲 乌克兰											✔										
欧洲 德国											✔			✔							
欧洲 法国		✔							✔	✔						✔	✔				
欧洲 奥地利						✔			✔								✔				

各种油品适合的烹调法总表

油品种类	调和油、大豆油（精制）	鳄梨油	苦茶油	葡萄籽油	米糠油	摩洛哥坚果油	杏仁油	榛果油	澳洲胡桃油	椰子油	芝麻油	高油酸葵花籽油	花生油	核桃油	橄榄油	大豆油（冷压）	南瓜子油	亚麻籽油	葵花籽油
凉拌		★	★	★	★	★	★	★	★	★	★	★	★	★	★	★	★	★	★
炖	★	★	★	★	★	★	★	★	★	★	★	★	★	★	★	★	★		
烧烤	★	★	★	★	★	★	★	★	★	★			★			★			
水炒	★	★	★	★	★	★	★	★	★	★	★	★	★	★	★	★	★		
小火煎炒	★	★	★	★	★	★	★	★	★	★	★	★	★	★	★	★	★		
大火煎炒	★	★	★	★	★	★	★	★	★	★	★	★	★						
炸	★	★	★	★	★	★	★	★	★	★	★	★	★						
甜点		★	★	★	★	★	★	★	★	★	★	★				★			
腌制		★	★	★	★	★	★	★	★	★	★	★	★	★	★		★		
调味		★	★	★	★	★	★	★	★	★	★	★	★	★	★	★	★	★	★
淋汤调味		★	★	★	★	★							★	★	★	★	★	★	★
蘸酱		★	★	★	★	★	★	★	★	★	★	★	★	★	★	★	★	★	★
沙拉		★	★	★	★	★	★	★	★	★	★	★	★	★	★	★	★		★
烘焙		★			★		★									★			
按摩		★	★	★	★	★	★	★	★	★	★	★	★	★	★	★	★	★	★
美肌		★	★	★	★	★	★	★	★	★	★	★	★	★	★	★	★	★	★

PART

1

和植物油说声hi，你真的认识吗

　　植物油是以富含油脂的植物种仁为原料，经过清理除杂、脱壳、破碎、软化、轧坯、挤压膨化等预处理后，再采用机械压榨或溶剂浸出法提取获得粗油，再经精炼后获得。但是植物油种类如此之多，你真的了解植物油吗？不饱和脂肪酸真的那么好吗？什么是脂肪伴随物质？

植物油的族谱

植物油种类多、应用广泛，可食用，如大豆油、花生油、橄榄油等；可用于美容护肤，如葡萄籽油、小麦胚芽油、荷荷芭油等；可用于保健养生，如海藻油、大麻籽油、石榴籽油等。植物油的应用如此广泛，可是你真的了解植物油吗？植物油到底是什么？

1 油和油脂是"双胞胎"吗

油和油脂是植物新陈代谢后的产物。几乎所有的植物都会产出油分，不过油的浓度多寡则不尽相同，如坚果类、芝麻及胚芽籽产出的油量就特别多。它们是植物能量的来源，并且间接地作为植物吸引其他生物的方式。比方说，像沙棘果实带有鲜艳的橙橘色，就是为了吸引鸟类用的。植物的种子被富含油脂的果肉包裹，动物食用果肉后种子不会被完全消化，而是以粪便的方式排出体外，而植物就能够借此传播至他处。就拿酪梨籽来说，其外表被富含油脂的果肉包覆着，就是为了吸引动物食用，然后将它的种籽带到其他的地方播种。

果实种子中含有供给植物胚芽新生命所需的养分：富有价值的蛋白质、碳水化合物和不可缺少的植物油。植物油就好比能量和葡萄糖，其中储存着植物经光合作用所吸收并赖以为生的太阳能。不仅仅是种子核果的部位含有油分，植物其他部分中也能制造出油分，

以增加香气吸引其他生物食用，并帮助植物的繁衍。短时间内，这些油分也能作为新植物胚芽的养分来源，并且能够不断提供植物生命的成长，一直到它能够自行进行光合作用为止。

而我们说到的植物性油与植物性油脂其实是不同的成分浓度所影响的。决定是油还是油脂的关键在于温度：如果在室温下（24℃）呈现液态状，就称作油；如果在24℃时为固态，则称为脂肪。所有的植物油类和植物油脂都是根据相同的原则组成的，大致上是由一个甘油（丙三醇）加上三个脂肪酸（大部分是带着不同数目的脂肪酸）。不同的化学结构（如分子的长度、链长度）和不同的化学组成（也就是双键、饱和度的数目及排列状态），会产生不同的脂肪酸及脂肪。它们在特定的地方会呈现不同的变化，于是脂肪的分子便具有不同的化学特性，且各种脂肪酸在人体内产生的作用和反应也都不尽相同。

> **Tips：**
>
> 矿物油：是属于石油提炼后的产物，人体的细胞对于这种油类完全无法加工分解。虽然矿物油类是植物经过沉积后转变而成的油分，但是其化学及物理特性已经大不相同了，并且不能在新陈代谢的过程中代谢掉。

2 我们为什么要吃油

到底为什么要吃油呢？在远古时代的历史中，不同国家都有如何使用植物油的记载。其实，美味的食物除了必须要有新鲜食材外，真正能给这盘食物灵魂的就是油，不同的油可以带出不同的风味。那么就让我们来了解一下油到底有什么好处。

油的好处

❶ 能量来源　人体六大营养素为碳水化合物、脂肪、蛋白质、维生素、矿物质和水。脂肪是人体内最优质的储备及可利用的能源，能为身体提供能量并帮助身体运转。

❷ 提供必需脂肪酸　好的油（脂）可以提供人体无法自行制造的必需脂肪酸，以调解生理功能，维护身体健康，更是促进大脑、中枢神经生长发育，维持健全不可或缺的成分。

❸ 运送营养素　人体需要的维生素A、维生素D、维生素E、维生素K为脂溶性维生素，必须溶于脂肪以便运送。因此，油（脂）能够运送食物中的脂溶性维生素进入小肠，让人体吸收。

❹ 稳定荷尔蒙　很多女生为了爱美怕胖，不吃油而拼命运动、节食。看起来身材不错，但是精神却不好，只能靠化妆来维持。实际上，荷尔蒙是需要脂肪制造出来的，不止如此，细胞及细胞膜再造都是由脂肪组成的。少了脂肪，就会影响荷尔蒙与细胞的再造，因此，适度地吃油脂对身体的调节真的很有帮助。

❺ 改善风味　油（脂）能够改善食物风味，提高食物感官性状，增进人们食欲。任何天然油脂都有各自的特有滋味，各种菜肴因所用油脂不同，其色泽和风味也不同。

❻ 饱腹作用　油脂能够延长食物的消化过程，防止过早出现饥饿感。

Tips:

精油：是带着香气的物质，并能在空气中挥发。精油仅能从特定植物中萃取出极微量的单位，并且通过物理的方式提炼出这些精华。请别将此种精油与其他的脂肪油类混为一谈。

3 种类繁多的油品，我们该如何挑选

"吃得健康，吃得营养，吃得放心"是很多人的饮食追求，但是你真的吃得健康吗？

看到盘子中的牛肉、猪肉、蛋、青菜……我们追求有机的目标、饲养方式、放养方法，但有没有想过，这些料理的基础是——油呢？最容易被忽略却又非常重要的油品，你又了解多少？

说到油品，依据来源可以简单地分为动物性和植物性两类。而本书主要介绍植物性油品，相较于动物性来说没有胆固醇的顾忌，还多了植物化学营养素。植物性油来源大致可以分为下列四种：

❶ 果肉果实类 是以果肉果皮果核榨取出的油脂，如鳄梨油、橄榄油、椰子油等。这种油有股淡淡的植物香气。

❷ 种子类 是以原种子榨出的油脂，如葡萄籽油、油菜籽油等。这种油含丰富的维生素E、钙质，不同来源有其个别风味及营养价值高。

❸ 米类 是以米糠榨出的油脂，如玄米油。这种油富含维生素、矿物质，米糠与米脱离后，稳定性低，榨成油脂较好保存。

❹ 坚果类 是以坚果榨出的油脂，如花生油、香油、黑芝麻油、摩洛哥坚果油等。这种油富含矿物质、维生素及抗氧化营养素，有怡人香气，适用于糕点制作。

但对食用者而言，最重要的还是符合自己需要的条件，像饱和脂肪酸、不饱和脂肪酸比例，是否需要高温烹调，或希望获得更多的微量营养素，还是单纯以香气为优先选择等。而脂肪酸区分为饱和脂肪酸和不饱和脂肪酸，通常会在食品标签中标示。

面对琳琅满目的油品，我们又该如何去挑选一瓶适合自己的油呢？

❀ 以下几个方法，让你选油不烦恼！

Rule 1 (吃) 做菜方式

根据做菜方式选择适合的油品，做起菜来才好吃。

凉拌： 必须选择100%冷压初榨；

水炒： 发烟点130℃以上；

炸、炒： 发烟点180℃以上。

Rule 2 (看) 油标标示

如果标示不清，最好就不要购买。真正的好厂家，从生产到上架，都可以很清楚标示。油标就像身份证，是辨识一款油品的基本方法，只要看懂油标，我们就可以知道它是什么样的油品。

各种油的发烟点温度表（冷压油）

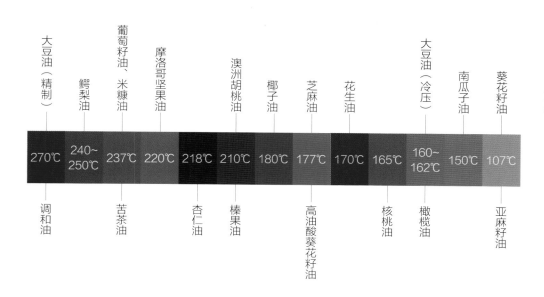

大豆油（精制） 270℃ 调和油

鳄梨油 240~250℃

葡萄籽油、米糠油 237℃ 苦茶油

摩洛哥坚果油 220℃

澳洲胡桃油 218℃ 杏仁油

椰子油 210℃ 榛果油

芝麻油 180℃

花生油 177℃ 高油酸葵花籽油

170℃

165℃ 核桃油

大豆油（冷压） 160~162℃ 橄榄油

南瓜子油 150℃

葵花籽油 107℃ 亚麻籽油

Rule 3 (明)油品来源

全世界的油品千百种，必须知道它从哪里来，不仅要知道哪个国家，还要清楚地知道它是哪个农庄、哪个公司制造的油品才安全。

Tips:

发烟点：是一个评价油脂品质的指标，是指油脂受热时肉眼能看见样品的热分解物或杂质连续挥发的最低温度，它是油脂组成及非甘油三酯组分在加热过程中呈现的感官数值之一。

发烟点的高低主要与原料结构有关。一般来讲，原料差发烟点低；原料不纯，有掺杂，烟点也会降低。

如合格的食用油烟点应在300℃，而质量不合格的食用油则可能降至270℃就会冒黑烟了。

Rule 4 (看)油品种类

标签上应该要注明它是什么种类的油品。例如橄榄油，有可能会写着Olive Oil（英文，来自于英语系国家）、olio D'Oliva（意大利文，来自于意大利）、aceite De Oliva（西班牙文，来自于西班牙、墨西哥、南美洲）等。来自于哪个国家、哪个地区，应该是会标示当地的文字才是。

Rule 5 (看)油品比例

我们应该挑选100%的品种作为第一选择，而且只能选择Extra Virgin冷压初榨，唯有真正的冷压初榨的油品，才能将食物中的营养完整保留。但是如果真的想要选择调和油，标签上必须标示明确，如橄榄调和油，它的橄榄油比例必须有50%。

Rule 6 (看) 制作方法

了解自己购买的油品是用何种方法制作，才能真正地买到好油。油品制作方法可以分为：

非精制：未经过化学或加热处理制作出的油品，包括冷压初榨和初榨。

冷压初榨（Extra Virgin）：果实果肉经过筛选后，在室温下榨取果实果肉，且为第一次压榨而成。

初榨（Virgin）：在室温下榨取果实果肉压榨而成（果实果肉不一定经过筛选，直接清洗使用）。

精制：经过化学或加热处理制作出的油品，包括纯正和有机蒸馏、温和提炼。

纯正（Pure）：以精炼方法搭配初榨油脂。

有机蒸馏、温和提炼（Organic Distilled、Mild Refined）：指的是油品经过蒸馏的步骤，让口感比较顺口。

Rule 7 (看) 中外标示

市售包装食品必须标示热量、蛋白质、脂肪（包含饱和脂肪酸、反式脂肪酸）、碳水化合物、钠，并要求标示原产地、每个包装的分量、卡路里。人有身份证可以用来证明我们的身份，食品也有的，那就是"商品条形码"。商品条形码是指由一组规则排列

的条、空及其对应字符组成的标识，用以表示一定商品信息的符号。其中条为深色，空为白色，用于条形码识读设备的扫描识读。其对应字符由一组阿拉伯数字组成，供人们直接识读或通过键盘向计算机输入数据使用。不同国家、不同品种、不同价格、不同规格的商品只能使用不同的商品代码。商品条形码的前缀码是用来标识国家或地区的代码。商品条形码的编码遵循唯一性原则，以保证商品条形码在全世界范围内不重复。

各种油的发烟点温度表（冷压油）

代码	国名或地区名	代码	国名或地区名	代码	国名或地区名
00-13	美国、加拿大	569	冰岛	777	玻利维亚
20-29	店内码	57	丹麦	779	阿根廷
30-37	法国	590	波兰	780	智利
380	保加利亚	594	罗马尼亚	784	巴拉圭
383	斯洛丹尼亚	599	匈牙利	786	厄瓜多尔
385	克罗埃西亚	600-601	南非	789	巴西
387	波西尼亚、赫塞哥维亚	609	摩里西斯	80-83	意大利
400-440	德国	611	摩洛哥	84	西班牙
45-49	日本	613	阿尔及利亚	850	古巴
460-469	俄罗斯	619	突尼西亚	858	斯洛伐克
471	中国台湾	621	叙利亚	859	捷克
474	爱沙尼亚	622	埃及	860	南斯拉夫
475	拉脱维亚	625	约旦	867	朝鲜
476	阿塞拜疆	626	伊朗	869	土耳其
477	立陶宛	628	沙岛地阿拉伯	87	荷兰
479	斯里兰卡	64	芬兰	880	韩国
480	菲律宾	690-692	中国	885	泰国
481	白俄罗斯	70	挪威	888	新加坡
482	乌克兰	729	以色列	890	印度
484	摩尔多瓦	73	瑞典	893	越南
485	亚美尼亚	740	危地马拉	899	印尼
486	乔治亚民主共和国	741	萨尔瓦多	90-91	奥地利
487	哈萨克	742	哥斯达黎加	93	澳洲
489	中国香港	743	尼加拉瓜	94	新西兰
50	英国	744	洪都拉斯	955	马来西亚
520	希腊	745	巴拿马	977	ISNN期刊
528	黎巴嫩	746	多米尼加共和国	978	ISBN书码
529	塞浦路斯	750	墨西哥	979	ISBN+ISMN
531	马其顿	759	委内瑞拉	980	退款收据
535	马耳他	76	瑞士	981-982	礼券
539	爱尔兰	770	哥伦比亚	99	赠券折价券
54	比利时、卢森堡	773	乌拉圭		

Rule 8 (看) 发烟点

发烟点又称冒烟点，当油加入锅内，开火，慢慢地开始冒烟的那个温度，就是所谓的"发烟点"。油一旦发烟，便开始氧化变质而产生毒素，所以发烟点常用来选择油品精制度与新鲜度的指标。

Rule 9 (尝) 试吃味道

很多人买油品，几乎都看外包装。其实买油品，一定要试吃，才能知道它的味道如何，是不是真的有标签上写的果实、种子的味道，味道是天然的还是刺鼻的香精。多试吃几家并比较，购买的油品才不会出错。

4 你应该懂得的油品常识

选购

1. 打开后的油品，如果有油耗味，即不可以食用。

2. 不要因为价格便宜就购买油品，最好选择具有商誉的品牌。

3. 肉食主义者可选择富含不饱和脂肪酸的油品；而素食主义者可适量搭配选择富含饱和脂肪酸的油品。

4. 一定要注意包装和标识是否完整，确认在保存期限内，最好是用不透光玻璃瓶装或陶瓷装盛。

调理

选择真正冷压萃取的油品，才能保存食物的天然营养素，食用后健康也没有负担。做菜时，小火热锅，冷锅冷油更安全。

使用保存

1. 油品怕直射光，要放在避光的橱柜里。油品怕空气，使用后要立刻封好。油品怕高温，不要摆在大火旁。有些油品要放在冰箱保存，使用时小心不要让水滴进油瓶里。

2. 油脂存在的环境温度每增加10℃，氧化速度就会加快一倍；氧化的油脂甚至会产生致癌物，对健康非常不利。

3. 用对油，做菜不冒烟，空气清新，锅碗瓢盆清洗超容易；用错油，烟雾弥漫，空气中会有一股油耗味，油腻不好清洗。

4. 冷压初榨的油品因含多元不饱和脂肪酸，稳定性较差，储放时，不能被阳光直接照射，以免氧化变质。

5. 厨房里最好有三种以上的油品，一瓶适合凉拌，一瓶可以高温煎煮，另一瓶可以油炸。用完一种油品，可以更换另一种植物油，因为不同油有不同的营养成分，可以补充不同的营养。

营养

① 多元不饱和脂肪酸Omega-3及Omega-6，为人体必需脂肪酸的来源，可以协助代谢胆固醇。

② 单元不饱和脂肪酸Omega-9虽然不是必需脂肪酸，适当食用却具有降低低密度胆固醇的功效。

③ 好的油品，虽然价格不是那么便宜，但可以带来健康。若真的舍不得用好油做菜，每天可以喝一小匙，让身体可以吸收好的油脂。

④ 孕妇在怀孕初期开始，可选择含多元不饱和脂肪酸的油品；并于哺乳期延续维持，可以让婴儿从母乳中获得足够的营养。

⑤ 每人每日可食用的油品为50～60毫克，或不超过总能量的30%（建议成人每日摄取量是2000千卡）。

5 油是怎么来的

认识了那么多种类的油品，你又知道油品是怎么制造出来的呢？

为了尽可能地保留珍贵植物油里的天然元素，就得采取一些完全不同的萃油技术和方法。不同的榨油技术会造成油液成分和分子结构的不同特性，所以，萃油技术的发展一直以来都是决定油类成分和改善油质的关键因素。

目前，榨油大致可以分为两种方法：机器压榨法及化学萃取法。

● 机器压榨法

机器压榨法可分为 以最高温度控制在60℃以下的冷压法，150℃的冷压技术和热压法。

热压法 通过高温及高压的步骤，以达到85%的油量。

150℃的冷压技术 一种以高压取油的方法，在过程中不会通过外部的加热，但在高压过程中会自然产生热度。

60℃以下的冷压法 这是一种纯天然萃取的油，由低温榨油，取出品质好、养分优异的油。

> Tips：
>
> 冷压：官方对于所谓"冷压"这个名词的定义，是单指使用机械外力压取种子内的油脂，并且后续不得再使用精炼的步骤。

● 化学萃取法

全世界90%的植物油和油脂产品是由大型工厂制造的，也就是说大部分的油脂都有经过精致化的步骤，化学萃取法就是这样一个萃油技术。

化学萃取法是利用轻汽油（燃点为60～110℃）顺利取出高达99%的油量。先利用机器将果实或种子打成粥状，以60～70℃加热，再加入类似轻汽油或是己烷（帮助挥发的有机溶剂）。但这类必要的溶剂都具有毒性，经过化学步骤萃取的原油皆带有令人难以忍受的强烈味道，无法使用或食用，必须精炼过后将先前加入的溶剂蒸馏出来。

Tips：

非天然（以用于工业生产）：在工厂加工大量制造的植物油中，油脂的成分或多或少会产生改变，这种改变即是所谓的非天然的过程。

化学萃取法的过程

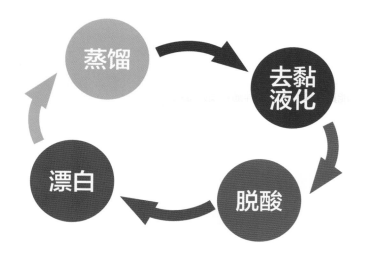

A 去黏液化

工厂制油时这个步骤与字面上的意思一样。在这个步骤中，会加入磷酸以去除植物里的一些成分，甚至会把脂肪伴随物质一并去除，像是具有营养价值的卵磷脂。然而经过去黏液化的步骤可以加长油品的保存期限。

B 脱酸

经过价值低廉的原料加工，通过高温加热和化学步骤取得的植物原油带有会危害身体健康的自由脂肪酸（即脂肪酸不再与甘油分子联结）。加入碳酸氢钠这类的强碱液后，脂肪酸会产生化学变化，这个过程就被称为皂化。皂化后产生的肥皂便完全与油分离。

C 漂白

化学萃取时连有价值的色素如胡萝卜素、叶绿素或其他天然色素（抗氧化物）都不能保留下来，因为它们会使得制造出来的油外观上不同，吃起来味道也会有差异，所以必须通过漂白的步骤将它们从油液中除去。漂白剂就是经过酸性处理的氧化铝。

D 蒸馏

为了使最后香气的物质和口味一致、使油液中不含有毒的溶剂成分、杀菌并消减自由脂肪酸，榨取的植物油必须被放在240～280℃的高温下数个小时（这就是高温真空蒸馏法）。

通过这个步骤能将不想要的气味和口味去除，但也会使原本对健康很重要的顺式脂肪酸转换成有害的反式脂肪酸。

各种萃油技术的优缺点比较

萃油技术	优 点	缺 点
60℃以下的冷压法	❶ 榨取出的油液品质和养分相当高。 ❷ 能确保取得的油完整地保留天然成分和品质。 ❸ 能真正榨取出脂肪伴随物质如维生素、矿物质等促进活性的营养成分。 ❹ 不会造成油脂中顺式脂肪酸产生化学变化，油液能保有其本身特有的风味和颜色。	❶ 榨取出的油量较少。 ❸ 价格相对昂贵。
150℃的冷压技术	❶ 榨取出的油量相对增加。 ❷ 虽然会影响油的品质，但还不至于使油的化学成分产生质变或转变成对健康有害的反式脂肪酸。	❶ 由于高压过程中会自发产生出热度，温度提升会造成油类品质受损。 ❷ 脂肪伴随物质的养分就会减少或者被破坏。
热压法	透过高温及高压的步骤，热压法能够提炼出高达85%的油量，在机械压榨法中属于萃取效率比较高的一种植物油萃取技术。	在高温高压的过程中，油的成分会产生化学的质变并且产生新的化学式，重组过的化学分子有部分会对人体健康造成损害。
化学萃取法	❶ 是一种既有效率又经济的方法，取油量可高达99%。 ❷ 比起冷压法取得的油，更耐高温、更易保存、更便宜。	萃取过程中加入有毒性的溶剂，即使经过精炼过程，也会存在溶剂残留的可能。

植物油的小常识

植物油应用广泛，是日常生活中必不可少的食物，可是关于植物油的一些小常识，你又真的了解清楚了吗？不饱和脂肪酸真的就那么好？饱和脂肪酸就没有好处了吗？品质好的油品有什么通性？凝固了的植物油还能食用吗？

1 脂肪一定会使人变胖吗

1 植物油的组成

所有的植物油类及植物油脂都是根据相同的原则组成的，大致上是由一个甘油（丙三醇）加上三个脂肪酸（大部分是带有不同数目的脂肪酸）组成。

2 脂肪酸的形成

自由的脂肪酸会危害体内器官，而甘油则是脂肪酸化学式中的连接物质。不同的化学结构和不同的化学组成（双键、饱和度的数目及排列状态），会产生不同的脂肪酸。

3 植物油与肥胖

油类是否会造成肥胖，不能只由卡路里的数字决定，更重要的是脂肪酸的链长和饱和度。

饱和脂肪酸——从化学式的角度来说，饱和脂肪酸就是肥饱的、担任介质的，且不活跃的，是可作为反应物质的媒介。这也就是说，脂肪酸与其他分子不会产生反应，并且还能作为中间介质，连接两种物质，使其产生新的作用。

不饱和脂肪酸——不饱和脂肪酸中的双键作用就是提供能量，并用迅雷不及掩耳的速度丢掉电子，然后与新分子链接，组成新的化学式。如果一条越多双键的脂肪酸，那就代表其脂肪酸越不饱和，那么其化学反应就会越温和，并且对于内部的新陈代谢就会越主动。

Tips：

链长：脂肪酸的化学链长短取决于链中碳原子数量多寡，根据链长可以分为：

短链：链中带有4～6个碳原子。

中链：链中带有最多12个碳原子。

长链：链中带有最多24个碳原子。

④ 双键与肥胖

若脂肪酸的化学式带有越少的双键、越饱和，则就会越容易肥胖；相反，饱和度越低、双键越多的脂肪酸就越能够促进新陈代谢，并且燃烧脂肪。

⑤ 链长与肥胖

短链脂肪酸——它们是小分子，所以也比较容易被消化。某一些特定的脂肪酸不会转变成脂肪堆积于体内，反而能够促使我们体内的新陈代谢加快。当这类油达到肠内的黏膜中，很快会被吸收，人体完全不需要分泌胆汁来分解它。

长链脂肪酸——如棕榈油脂（在可可亚脂中含有这种成分）或是棕榈脂，则会被身体储存堆积下来。身体为了分解这类不容易消化的长链脂肪酸，就必须分泌出胆汁。大体上来说，这类脂肪却是细胞膜生成的重要元件。若是经常性食用这些油类，则可能导致心血管疾病的发生。

脂肪酸的饱和度和链长与肥胖的关系

脂肪酸类型	对人体新陈代谢的作用	引起人体肥胖与否	常见的脂肪酸
饱和脂肪酸	饱和脂肪酸不会与其他分子产生反应，不能促进新陈代谢。	越饱和，越容易引起人体肥胖。	月桂酸、软脂酸、硬脂酸、花生酸、豆蔻酸、辛酸、癸酸。
不饱和脂肪酸	双键越多的脂肪酸越不饱和，对于内部的新陈代谢越主动。	不饱和脂肪酸能够燃烧脂肪。	单不饱和脂肪酸有油酸，多不饱和脂肪酸有亚油酸、亚麻酸、花生四烯酸等。根据双键的位置及功能又将多不饱和脂肪酸分为Omega-6系列（如亚油酸和花生四烯酸）和Omega-3系列（如亚麻酸、DHA、EPA）。
短链、中链脂肪酸	短链、中链的脂肪酸不会被身体堆存起来，而是被当成能量使用掉，促进身体新陈代谢。	食用后不会造成人体肥胖。	椰子油是日常食物中唯一由中链脂肪酸组成的油脂。
长链脂肪酸	长链脂肪酸会被身体储存堆积下来，不会促进新陈代谢，并且会促进身体分泌胆汁消化。	经常性食用这些油类，可能会导致心血管疾病的发生。	我们日常生活中接触最为广泛的就是长链脂肪酸，植物油中的花生油、大豆油、玉米油、芝麻油等，这些脂肪中的主要成分均为长链脂肪酸。

2 饱和脂肪酸就一定不好吗

什么是饱和脂肪酸?

1 饱和脂肪酸的构成

不含双键的脂肪酸称为饱和脂肪酸,一类碳链中没有不饱和键(双键)的脂肪酸,是构成脂质的基本成分之一。

2 饱和度与油品特性

决定脂肪酸和脂肪成分及特性的关键,除了链长外,还有一个条件:饱和度。完全氢化的起酥油、隐藏在巧克力及饼干等烘焙食品中的饱和脂肪酸,可以说是导致肥胖的重要因素,因为它们的成分不会立刻在人体内转成有用的能量,相反还容易在体内堆积,尤其会在有神经的地方堆存。但是并不是所有的饱和脂肪酸就一定是前面所讲的这种脂肪酸,还要视链的长度来决定此脂肪是有助于新陈代谢,还是会优先堆积。

3 饱和脂肪酸的分布

一般较多见的有辛酸、癸酸、月桂酸、豆蔻酸、软脂酸、硬脂酸、花生酸等。此类脂肪酸多含于牛、羊、猪等动物的脂肪中,有少数植物如椰子油、棕榈油等也多含此类脂肪酸。

4 饱和脂肪酸的应用

饱和脂肪酸因为化学结构稳定,通常不易酸败且耐热,因此常运用于高温烹调及加工食品。其对于胆固醇的合成有极大的促进,故高血胆固醇者通常会被严格限制此类油脂摄取。

饱和脂肪酸就是坏脂肪酸吗?

有很多人会认为不饱和脂肪酸容易分解,不会累积成脂肪;而饱和脂肪酸则正好相反,不容易水解,主要形成脂肪,容易累积。但是,任何一种脂肪对健康是否有益的关键在于摄入量是否适当、脂肪酸摄入比例是否合理,过多摄入不饱和脂肪酸也是不好的,同样,过多摄入饱和脂肪酸造成的健康问题可能会更多。因此,笼统地说某种脂肪不健康或某种脂肪健康都是错误的。

碳链长度越短，越容易消化吗？

碳链长短与分解难易度

　　哪种脂肪酸容易分解与脂肪酸碳链长短密切相关。脂肪酸的氧化是在线粒体内进行的，长链脂肪酸进入线粒体需要肉毒碱（卡尼汀）的转运，而中、短链脂肪酸则可以直接进入到线粒体，不需要肉毒碱（卡尼汀）的帮助，这就加快了对中、短链脂肪酸的分解速度。

碳链长短与消化难易度

　　中、短链脂肪酸的消化、吸收速度也高于长链脂肪酸。长链脂肪酸需要经过胆汁酸作用，乳化成细小的微粒，再经胰脂肪酶的作用，才可以水解而被肠道上皮细胞吸收；中链脂肪酸的亲水性强，形成的乳糜微粒更小，所需要的胆汁、胰液更少，因此更容易水解。

　　中链脂肪酸的吸收速度也比长链脂肪酸快。中链脂肪酸仅需要几分钟就能直接从肠道被上皮细胞吸收，再通过肝脏门静脉进入血液循环；而长链脂肪酸要在肠道上皮细胞里重新与甘油结合成甘油三酯，再参与形成乳糜微粒，而后才能经过淋巴系统进入血液循环。

> Tips：
>
> 氢化作用：借由氢化的加工步骤，可以将不稳定的不饱和植物油变得稳定，如氢化玉米油、人造奶油等，进而利于储存及增加食物酥脆口感。

3 不饱和脂肪酸真的那么好吗

● 不饱和脂肪酸

除饱和脂肪酸以外的脂肪酸就是不饱和脂肪酸。不饱和脂肪酸是构成体内脂肪的一种脂肪酸，是人体必需的脂肪酸。

● 不饱和脂肪酸分类

不饱和脂肪酸根据双键个数的不同，分为单不饱和脂肪酸和多不饱和脂肪酸两种。食物脂肪中，单不饱和脂肪酸有油酸，多不饱和脂肪酸有亚油酸、亚麻酸、花生四烯酸等。根据双键的位置及功能又将多不饱和脂肪酸分为Omega-6系列和Omega-3系列。亚油酸和花生四烯酸属于Omega-6系列，亚麻酸、DHA、EPA属于Omega-3系列。

● 不饱和脂肪酸的生理功能如下

1

调节血脂

科学家对比食物和血液成分间的关系，发现以鱼类为主要食品的爱斯基摩人的食物中含大量的脂肪和极少的蔬菜，爱斯基摩人（因纽特人）却很少患心血管类疾病。

高血脂是导致高血压、动脉硬化等疾病的主因，鱼油里的主要成分EPA和DHA能降低血液中的有害胆固醇。

2

清理血栓

随饮食补充的深海鱼油能促进体内饱和脂肪酸的代谢，减轻和消除食物内动物脂肪对人体的危害，防止脂肪沉积在血管壁内，抑制动脉粥样硬化的形成和发展，增强血管的弹性和韧性，降低血液黏稠度。

3

免疫调节

补充EPA、DHA可增强机体免疫力，提高自身免疫系统战胜癌细胞的能力。Omega-3系列不饱和脂肪酸可用以协调人体自身免疫系统，对预防和抑制乳腺癌等作用十分显著。

4

维护视网膜

DHA是视网膜的重要组成部分，占40%~50%。补充足够的DHA对活化衰落的视网膜细胞有帮助，对用眼过度引起的疲倦、老年性眼花、视力模糊、青光眼、白内障等疾病有治疗作用。

5

补脑健脑

DHA是大脑细胞形成发育及运动不可缺少的物质基础，人有记忆力、思维功能都有赖于DHA来维持和提高。补充DHA可以促进脑细胞充分发育，延缓智力下降、健忘及预防老年痴呆症等。

6

改善关节炎症状减轻疼痛

Omega-3系列不饱和脂肪酸可以辅助形成关节腔内润滑液，提高体内白细胞的消炎杀菌的能力，减轻关节炎症状，润滑关节，减轻疼痛。

不饱和脂肪酸（尤其是多元不饱和脂肪酸）是人体重要的养分（基本维生营养），因为身体需要靠这类的脂肪酸来帮助体内的新陈代谢和产生所谓的组织荷尔蒙。像是需要通过外部获得的维生素一样，不饱和脂肪酸也是人体无法自行制造的养分。

● Omega-脂肪酸

其他我们现在看到的食用植物油里含有的脂肪酸，都有各自相对应的油类名称：Omega-脂肪酸。为了做进一步的区分，每个Omega-脂肪酸都被编上相应的号码，这些号码的数值是根据分子里的双键排列而定的。Omega-脂肪酸里的每一个脂肪酸都有其特殊的功效，至于是何种功效就得视其内部双键而定了。最重要的Omega-脂肪酸系列是Omega-3、Omega-6及Omega-9脂肪酸。脂肪酸尾部带的数字表示每一个双键存在的位置。

● 脂肪酸中的双键数量决定脂肪酸的特性，根据双键的数量可以将不饱和脂肪酸分为以下四种单元不饱和脂肪酸

● 单元不饱和脂肪酸

有油酸（18个碳原子，Omega-9脂肪酸）、芥子酸（22个碳原子）等，结构含有一个双键，具有流动性特质，常温下为液态。单元不饱和脂肪酸最具代表性的就是油酸，像橄榄油、油菜籽油或是甜杏仁油里都带有这种成分。油酸能够保护心脏、帮助血液循环及改善血管疾病，对于保护皮肤、刺激胆汁分泌及保护消化系统方面，都有很好的功效。

单元不饱和脂肪酸在健康效益上，因可以降低总胆固醇及低密度脂蛋白胆固醇，提升高密度脂蛋白胆固醇，而有利于血脂肪控制，进而减少心血管疾病的发生。

● 双元不饱和脂肪酸

作为双元不饱和脂肪酸的代表就是亚麻油酸，像葵花籽油、红花籽油或葡萄籽油中都富含了亚麻油酸。亚麻油酸的功用是强化皮肤的免疫系统及肠内黏膜，也能温和地调节体内激素及促进皮肤再生（也就是活化细胞）。此外，对于心血管、血液循环等疾病也有相当的功效。亚麻油酸在体内能够快速被代谢掉，在初级阶段便能制造出很多具有调节性质但存活力较短的激素。另外，组成细胞膜的主要成分就是亚麻油酸，所以，就一个健康的饮食而言，亚麻油酸可以说是重要的脂肪酸。

● 三元不饱和脂肪酸

这类脂肪酸算是反应最温和的，所以也会很快地被人体吸收并帮助新陈代谢。两种代表油类其功用却有些差异：α-次亚麻油酸和γ-次亚麻油酸。这两种成分都能够帮助新陈代谢，并且在分解的前置阶段就能够提供很多重要却存活短的激素。

α-次亚麻油酸

像亚麻油等，都具有可减轻身体疼痛的效果（其功效似鱼油），此外还可作为天然的消炎药。α-次亚麻油酸还能降低体内的血液浓度及重建细胞机制。除此之外它更是组成细胞膜的重要成分。

γ-次亚麻油酸

如月见草油及琉璃苣籽油，是对于激素有正面影响的油类，能够调节压力下的激素变化，并使人情绪好转，对很多皮肤疾病有特别的功效。

● 多元不饱和脂肪酸

含两个以上的双键，常温下成液态，结构易受高温、氧气等外在因素影响而改变。多元不饱和脂肪酸可刺激胆汁分泌、稳定血压及降低血中胆固醇。

摄取具有多元不饱和脂肪酸的养分后，身体过敏发痒的情况可获得改善。这种脂肪酸能由内向外地强化皮肤，因为它具有促进细胞增生的功能。但也可以通过外部的敷用来达到长效的保养和恢复皮肤，能有效治疗牛皮癣、湿疹、过敏性皮肤炎等。

Tips：

一天的多元不饱和脂肪酸摄取量最多1~2汤匙，否则会干扰正常的新陈代谢。

● 除了一些通性外，各种不同的多元不饱和脂肪酸也有其不同的功能特性

1

促进激素分泌

　　组织荷尔蒙（激素）就是属于多元不饱和脂肪酸的代表。它可调整体内器官失律的初期阶段，并且监督体内细胞功能的运作是否正常。

　　不饱和脂肪酸能够帮助好的前列腺素成形，能够抑制过敏反应及发炎现象，减轻病痛，对于压力激素及性激素也有减低和调节的作用。

　　不饱和脂肪酸还能加强皮肤保护的功能和促进再生，改善相关的皮肤病变（神经性皮炎、牛皮癣及青春痘）。

2

大脑的养分补给

　　富含高单位不饱和脂肪酸的植物油能够帮助情绪稳定、注意力集中及思绪清晰。通过饮食让这类油分进入人体，便能有效地舒缓压力。老年人与小孩在学习和专注力上，可以通过摄取这类油脂获得显著效果。

3

强化眼睛

　　年龄增长或干燥气候、长时间在电脑前工作，或是长时间处于日光灯的环境下，都会造成我们眼部极度不适。我们的眼睛器官和脑部营养，需要富含高单位不饱和脂肪酸的摄入，像α-次亚麻油酸及γ-次亚麻油酸都有保护和修复眼睛视网膜的功用。

4

滋阴补阳

　　如同大脑和眼睛一样，我们人体的生殖腺也是由脂肪组织所构成。像月见草油对于调理女性激素很有帮助，因为其中具有调节雌激素的成分。而在小孩、青少年，还有男性身上，其实都有这种雌激素或是其他的性激素。这些体内的雌激素的改变会影响到人体的自主神经系统、副交感神经等负责平稳情绪和抗压的功能。为了使我们体内的性激素能够"运转"得当，我们必须摄取高单位不饱和脂肪酸。

● 不饱和脂肪酸的其他功效

红花籽油、核桃油、花生油、大豆油、橄榄油、茶油（含有的不饱和脂肪酸高达90%，比称为"液体黄金"的橄榄油还高出7%）里都含有不饱和脂肪酸。

不饱和脂肪酸中的α-亚麻酸能够提高胎中婴儿的大脑发育和脑神经功能，增强脑细胞信息功能，促进人脑正常发育。孕妇能够摄入足够的α-亚麻酸，胎儿的脑神经细胞发育好、功能强，脑神经胶质细胞就多，生长就好。

α-亚麻酸能够增强胎儿视力。实验表明：α-亚麻酸摄入得少，视网膜电位图检测会出现异常。孕产妇或出生后的乳儿如果缺少α-亚麻酸，乳儿视网膜的磷脂质中DHA含量会减少一半，大脑灰白质减少1/4，使乳儿视力明显减弱，这样会影响以后的视力。

α-亚麻酸还能促进婴儿的机能和形体发育，特别是对发育不良的胎儿和早产儿，能促使他们的机能发育达到正常水平，同时对孕产妇的产后体形也有重要影响。

● 不饱和脂肪酸对恶性肿瘤具有一定的治疗效果

调节血脂，抑制促炎促增殖物质合成

Omega-3脂肪酸可以抑制促炎因子的产生和花生四烯酸衍生物的促炎作用和促进细胞增殖作用，减少由NF-KB诱导产生的细胞因子对肿瘤细胞的促进作用。

介导肿瘤细胞分化

已有研究表明，Omega-3脂肪酸能引起乳癌细胞的分化，还能增加胰腺患者的瘦组织群，改善生活质量。

调节癌基因的表达来抑制肿瘤细胞生长

Omega-3脂肪酸可以通过降低肿瘤转录因子的活性，从而影响基因表达和信号转导。

抑制肿瘤血管生成

Omega-3脂肪酸可改变前列腺素产物和抑制蛋白激酶C来实现对肿瘤新生血管形成的抑制作用。

修复程序性细胞凋亡

Omega-3脂肪酸促进肿瘤细胞凋亡的机制，包括改变细胞生物膜的特性、启动脂质过氧化、改变基因蛋白和阻滞细胞周期等，最终导致肿瘤细胞的死亡。

4 小小脂肪伴随物质有大功效

● 脂肪伴随物质的定义

　　油对于人体饮食带来很多正面的营养和作用，这不只是因为植物油中的主要成分，植物油中的其他养分也有很大的贡献。脂肪伴随物质又称为次要的植物养分，虽然只占植物油中的极小部分，但对于细胞间的物质代换却是不可或缺的要件。

● 脂肪伴随物质的分类

　　这些脂肪伴随物质包括植物的叶绿素、植物固醇、微量元素、芳香分子以及维生素，在美容界中被誉为"无法皂化的物质"。

● 脂肪伴随物质的功效

　　有很长一段时间，这些脂肪伴随物质并没有被科学家认真地看待，甚至还被视为植物中不被需要的物质，或者植物生成的废料，因为在植物内部的物质交换过程中，它并没有直接的帮助。一直到大约21世纪初，科学家才终于对这些能活化生物体和帮助健康的脂肪伴随物质感到兴趣，并开始展开研究。在研究的过程中，科学家发现借由配合具有实用价值的脂肪伴随物质，最能让不饱和脂肪酸得到充分发挥。

　　这些体积小却功能大的脂肪伴随物质能够阻挡体内的自由基，减低它们对身体损害的强度。也因此这些脂肪伴随物质也能预防慢性病的发生，例如心血管疾病、关节病变；此外它可以保护细胞免于受损（例如细胞膜和DNS受损），也能保护皮肤避免提早老化。脂肪伴随物质能够强化免疫系统，帮助细胞自我重建机制及促使活化，而且作为活化细胞代谢的物质，对于人体内众多大大小小的生物化学反应都具有调律的作用。

1 类黄酮

●类黄酮的定义

　　类黄酮又称为生物类黄酮，是植物重要的一类次生代谢产物，它以结合态（黄酮苷）或自由态（黄酮苷元）形式存在于水果、蔬菜、豆类和茶叶等许多食源性植物中。

●类黄酮与冠心病

　　类黄酮是三元环化合物，具有保护心脏的功效。我们知道，低密度脂蛋白对人体有害，容易导致冠心病，而类黄酮可以抑制有害的低密度脂蛋白的产生，还能降低血栓的形成。调查证实，类黄酮摄入量低者，冠心病死亡率较高，反之则冠心病的死亡率低。

● 类黄酮的应用

随着黄酮类物质的鉴定和提取技术已趋成熟，其已能够作为食品添加剂应用于饮料、酒类、焙烤食品、糕点的生产。但其中大部分物质仍是作为天然色素，其保健功能尚未得到充分开发。类黄酮一般为浅黄色或黄色，少数最为色素使用的颜色较深，如高粱红、可可色素、红花黄、菊花黄等。

Tips：

类黄酮可以进一步分为：

黄酮醇类：如槲皮素、芸香素。槲皮素广泛存在于蔬菜、水果中。

黄酮类或黄碱素类：如木樨草素、芹菜素，分别含于甜椒和芹菜中。

黄烷酮类：主要见于柑橘类水果，如橙皮苷、柚皮苷。

黄烷醇类：主要为儿茶素，绿茶中含量最丰富。

花青素类：主要为植物中的色素，不同植物含量不一。

原花青素类：葡萄、花生皮、松树皮中都含有丰富的原花青素。

异黄酮类：主要分布于豆类食品，已被证明具有抗乳癌和防骨质疏松的作用。

2 维生素E群（生育酚）

● 维生素E的特性

维生素E是一种脂溶性维生素，其水解产物为生育酚，是最主要的抗氧化剂之一。多溶于脂肪和乙醇等有机溶剂中，不溶于水，对热、酸稳定，对碱不稳定，对氧敏感，对热不敏感，但油炸时维生素E活性明显降低。

维生素E的主要功效：

（1）预防炎症性皮肤病、脱发症；

（2）调整荷尔蒙，活化脑下垂体；

（3）改善性冷淡、月经不调、不孕；

（4）抑制脂质过氧化剂形成自由基；

（5）是身体内保护器官的强力抗氧化剂；

（6）是一种重要的血管扩张剂和抗凝血剂；

（7）防止血液的凝固，减少斑纹组织的产生；

（8）有效减少皱纹的产生，保持青春的容貌；

（9）抗氧化保护机体细胞免受自由基的毒害；

Tips：

生育酚主要有四种衍生物，按甲基位置分为α、β、γ和δ四种。与生育酚相关的化合物生育三烯酚在取代基不同时，活性是一定的，但生育酚的活性会明显降低。

（10）改善脂质代谢，预防冠心病、动脉粥样硬化；

（11）抗衰老和抗癌，预防器质性衰退疾病的佳品；

（12）预防溶血性贫血，保护红细胞使之不容易破裂；

（13）预防治疗甲状腺疾病（甲状腺分泌过量或过少）；

（14）改善血液循环，保护组织，降低胆固醇，预防高血压；

（15）保护皮肤免受紫外线和污染的伤害，减少疤痕与色素的沉积；

（16）强化肝细胞膜、保护肺泡细胞，降低肺部及呼吸系统遭受感染的概率；

（17）高含量的维生素E能够加强皮肤的结缔组织，增进血液循环及保持皮肤弹性，最适合衰老和成熟的皮肤。

●维生素E的代表油品

小麦胚芽油含有丰富的维生素E，可以减少受伤或手术所造成的疤痕，还可以减少脸上长青春痘所留下的痕迹。它也是天然的抗氧化剂。小麦胚芽油对于干性皮肤、黑斑有一定的效果，此外在食用方面也有延迟老化，避免脑中风、心肌梗死、肺气肿，增强免疫系统功能，提高生育能力等功效。

维生素E包括α、β、γ、δ四种类，其中α维生素E含量极高，易被人体吸收、活性最强，其作用包括：

1   维生素E与抗自由基

自由基是广泛存在于化学反应中的活泼基团，对人体正常生理代谢具有重要功能。但倘若自由基过量，则将导致细胞膜不饱和脂肪酸的脂质过氧化，对机体造成损伤。维生素E的抗自由基功能是因其结构是苯骈吡喃的衍生物，在其苯环上有一个活泼的羟基，具有还原性，其次在无碳环上有一饱和的侧链，这都决定了维生素E具有还原性和亲脂性。

2   维生素E与美容

维生素E是一种脂溶性维生素，摄入时需要与红花籽油、紫苏油这样的配料协同作用，才有利于吸收。维生素E是主要的抗氧化剂之一，能够稳定细胞膜的蛋白活性结构，促进肌肉的正常发育及保持肌肤的弹性，令肌肤和身体保持活力；维生素E进入皮肤细胞更能直接帮助肌肤对抗自由基、紫外线和污染物的侵害，防止肌肤失去弹性、老化。

Tips：

胡萝卜素是脂溶性的，脂肪可刺激胆汁分泌乳化脂肪，从而促进胡萝卜素的吸收。游离脂肪酸能够显著促进胡萝卜素的吸收，而油酸的促进吸收作用最大，很多不饱和脂肪酸对胡萝卜素的吸收也有促进作用。因此人们食用富含不饱和脂肪酸的油品时，胡萝卜素在小肠的吸收会高于富含饱和脂肪酸的油品。

● 胡萝卜素的分类

胡萝卜素主要存在于深绿色、红黄色的蔬菜和水果中，如胡萝卜、西兰花等，越是颜色强烈的水果或蔬菜，含胡萝卜素越丰富。胡萝卜素根据存在于其两端的芷香酮环或基团的种类分为 α、β、γ、δ、ε 等，其中 β-胡萝卜素在胡萝卜素中分布最广，含量最多，也是在众多异构体中最具有维生素A生物活性。β-胡萝卜素摄入人体消化器官后，可以转化成维生素A，可以维持眼睛和皮肤的健康，改善夜盲症、皮肤粗糙的状况，有助于身体免受自由基的伤害。

● 胡萝卜素中的 β-胡萝卜素

作为胡萝卜素中分布最广、含量最多的β-胡萝卜素有着维生素A源之称，是一种重要的人体生理功能活性物质。β-胡萝卜素在抗氧化、解毒、抗癌、预防心血管疾病、防治白内障和保护肝脏方面的生理作用已被越来越多地被证实，并应用于疾病的预防和治疗。和其他的类胡萝卜素一样，β-胡萝卜素是一种抗氧化物。食用富含β-胡萝卜素中的食物可防止身体接触自由基。通过一个氧化的过程，自由基会对细胞造成伤害，长此以往，将有可能导致人体患上各种各样的慢性疾病。饮食中摄入足量的β-胡萝卜素可减少患上心脏病和癌症两种慢性疾病的概率。

● 胡萝卜素的抗癌效用

胡萝卜素是一种具有生理活性的物质，在动物体内可以转化成维生素A，可治疗夜盲症、眼干燥症及上皮组织角化症，能抑制免疫活性细胞过度反应，消灭引起免疫抑制的过氧化物，维持膜的流态流动性，有助于维持免疫功能必需的膜受体状态，对免疫调节分子的释放起作用。通过上述机制，增强了淋巴细胞、巨噬细胞或自然杀伤细胞等的抗肿瘤功能，尤其对肺癌、食道癌、鳞癌等有显著的预防和改善的效果，故具有防癌、抗癌、抗衰老的作用。

● 胡萝卜的其他功效

维护生殖功能；

促进骨骼及牙齿的健康生长；

构成视觉细胞内的感光物质；

维持皮肤黏膜层的完整性，防止皮肤干燥、粗糙；

维持和促进免疫功能，促进生长发育。

4 植物固醇

Tips：

每天植物油摄入量以25毫升为宜。植物油摄入过多，会导致热量过剩，增加肥胖、心血管疾病等慢性疾病的发病率。所以，不要盲目增加植物油的摄入量，以求获得更多的植物固醇。

● 什么是植物固醇？

植物固醇是以游离状态或与脂肪酸和糖等结合的状态存在的一种功能性成分，广泛存在于蔬菜、水果等各种植物的细胞膜中，主要成分为 β –谷固醇、豆固醇、菜籽固醇1和菜籽固醇2，总称为植物固醇。植物固醇是植物中的一种活性成分，对人体健康有很多益处。

● 植物固醇的降脂功效

研究发现，植物固醇有降低血液胆固醇、防治前列腺肥大、抑制肿瘤、抑制乳腺增生和调节免疫等作用。国内外研究表明，植物固醇在肠道内可与胆固醇竞争，减少胆固醇吸收，有效地降低高脂血症患者血液中的"坏"胆固醇（包括总胆固醇和低密度脂蛋白胆固醇）含量，而不影响血液中的"好"胆固醇（高密度脂蛋白胆固醇），对高血脂患者具有很好的降低血脂效果。

● 植物固醇对慢性病的作用

据统计，膳食中植物固醇摄入量越高，人群罹患心脏病和其他慢性病的危险性越少。很多国际组织和学者都建议摄入含植物固醇高的食物，以减少冠心病等慢性病的发生。

研究表明，经常吃植物蛋白的人，比对照组的胆固醇含量平均降低12%，它可以阻断食物中胆固醇的吸收，减少来自自身肝脏的胆固醇的再吸收。植物固醇进入人体后，能较多地被肠吸收，从而降低胆固醇，不仅可以抑制癌细胞分化、刺激癌细胞死亡，对防治心脏病也有好处。

● 怎么补充植物固醇？

很多蔬菜和植物油中都含植物固醇，而植物油则是植物固醇含量最高的一类食物。以常见的植物油为例，每100毫升大豆油中植物固醇含量约300毫克；花生油约250毫克；芝麻油和菜籽油为500毫克以上；玉米胚芽油中含量最高，可达到1000毫克以上。可以说，植物油是膳食中植物固醇的一个重要来源。

5 卵磷脂

卵磷脂的定义与分类

卵磷脂又称为蛋黄素，被誉为与蛋白质、维生素并列的"第三营养素"。卵磷脂属于一种混合物，是存在于动植物组织以及卵黄之中的一组黄褐色的油脂性物质，其构成成分包括磷酸、胆碱、脂肪酸、甘油、糖脂、甘油三酸酯以及磷脂（如磷脂酰胆碱、磷脂酰乙醇胺和磷脂酰肌醇）。

卵磷脂在体内多与蛋白质结合，以脂肪蛋白质（脂蛋白）的形态存在着，所以卵磷脂是以丰富的姿态存在于自然界当中。目前我们食用卵磷脂的主要来源是大豆磷脂和蛋黄磷脂，除此之外，牛奶，动物的脑、骨髓、心肺肝肾以及大豆和酵母中都含有卵磷脂。

名　称	定　义	成　分	优缺点
大豆磷脂（大豆卵磷脂）	以大豆磷脂为主体，并含有中性油和其他非磷脂成分。	卵磷脂、脑磷脂、心磷脂、磷脂酸（PA）、磷脂酰甘油（PG）、缩醛磷脂、溶血磷脂等。	其含有的多种营养成分对人体均有很大的裨益，加上其成本价格的低廉，所以市场上销售的多为大豆卵磷脂。

蛋黄卵磷脂	从蛋黄中分离出含磷脂肪物质，并命名为磷脂。蛋黄卵磷脂属于动物胚胎磷脂。	含有大量的胆固醇和甘油三酯以及很多人体不可缺少的营养物质和微量元素。	蛋黄卵磷脂可将胆固醇乳化为极细的颗粒，这种微细的乳化胆固醇颗粒可通过血管壁被组织利用，而不会使血浆中的胆固醇增加。但由于其萃取技术、工艺的限制，其价格相当昂贵。

卵磷脂的作用

消除疲劳

卵磷脂可使大脑神经及时得到营养补充，有利于消除疲劳，缓解神经紧张。补充卵磷脂没有年龄限制，从小孩到老年人均可服用。

糖尿病患者的营养品

卵磷脂不足会使胰脏机能下降，无法分泌充分的胰岛素，不能有效将血液中的葡萄糖运送到细胞，导致糖尿病。

血管的"清道夫"

卵磷脂具有乳化、分解油脂的作用，可以增进血液循环，改善血清脂质，清除过氧化物，使血液中胆固醇及中性脂肪含量降低，减少脂肪在血管内壁的滞留时间，促进粥样硬化斑的消散，防止由胆固醇引起的血管内膜损伤。

排毒美肤

在正常人体内有很多毒素，特别是在肠道内，当这些毒素含量过高时，便会随着血液循环沉积在皮肤上，从而形成色斑或青春痘。卵磷脂正好是一种天然的解毒剂，它能够分解体内过多的毒素，并经肝脏和肾脏的处理排出体外，当体内的毒素降低到一定浓度时，脸上的斑点和青春痘就会慢慢消失。卵磷脂还具有一定的亲水性，并有增加血红素的功能。如果每天服用一定量的卵磷脂，就能为皮肤提供充分的水分和阳气，使皮肤变得更加光滑柔润。

6 微量元素

虽然我们的细胞对这类元素只有少量的需求，但体内很多重要的化学反应及新陈代谢都需要这些微量元素的参与。如锌，是维持人体生命必需的微量元素之一，在生长、智力发育上都有不可磨灭的功绩。

1 合成多种酶

人体脂肪、蛋白质和碳水化合物的代谢都离不开一类特殊的蛋白质——酶的参与。酶有很多种，而锌与人体内近300种酶的活性都有关联。

2 促进生长发育

锌广泛参与核酸和蛋白质的代谢，也影响到各种细胞的生长、分裂和分化，尤其是DNA复制。锌还可以加快细胞的分裂速度，使细胞的新陈代谢保持在较高水平上，所以锌对于处于生长发育期的婴幼儿十分重要。

3 促进智力发育

锌能促进脑细胞发育和分裂，为儿童智力发育打下坚实的物质基础。锌对维持海马功能起着重要作用，还参与神经分泌活动，使记忆功能和反应能力加强。

7 芳香分子

芳香分子是各种油类典型的香气来源（像葵花籽油和黑种草油）。此外芳香分子本身也具有疗效，像减低病痛或抑制发炎等。

除了上述7种脂肪伴随物质外，好的油品还有很多其他的营养物质，像生化鲨烯、三萜烯及各种矿物质。关于脂肪伴随物质的功用和特性还有很多，也还有很多相关知识尚在探索中，但是唯一确定的是：油的功效只有在所有的内部物质都集合在一起时（也就是脂肪酸和脂肪伴随物质），才能发挥出最大效用。

Tips：

不管内服或是外用，我们都应该选用纯天然萃取的油类，而不是经过工厂加工后的油品，因为只有在天然提炼的植物油里才能保有完整的自然脂肪伴随物质。

5 顺式和反式脂肪酸，用处大不同

脂肪酸是由碳原子"串"起来的链条，碳原子上面有氢原子与之结合。碳原子可以跟其他原子形成4个共价键，两个碳原子相连，最多还可以结合两个氢原子。而两个分子中的氢原子（H）在双键中的排列不同，会导致不同的结果——顺式脂肪酸和反式脂肪酸。两者在化学和物理特性上与其他脂肪酸也是大大不同。

顺式脂肪酸 顺式脂肪酸参与体内多项新陈代谢的过程，它是一种天然形式的脂肪酸，或者可以这么说：来自天然的不饱和脂肪酸都是以顺式脂肪酸的形式呈现。

顺式脂肪酸的化学结构

在这条碳氢原子链中的双键上，两个氢原子（H）产生了一个30度~40度的弯折。而这条弯曲的链接扮演着一个关键的角色：只有当细胞的壁面上（也就是在细胞膜处）出现这类的分子结构，这个分子才具有柔软的韧度和弹性。分子链越长和双键越多，细胞的膜壁就会越具有弹性。

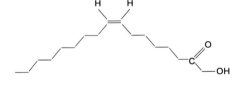

顺式脂肪酸的"好处"

顺式脂肪酸分子的功用便是使得细胞的壁面能有穿透性，如此一来才能使物质在代谢和交换的过程中无阻碍。只有顺式系列的结构才是合乎生理属性，也就是说：它能够被我们的身体利用，并能带给我们正向的帮助。于是我们可以这么说：天然的脂肪酸对我们人体，就宛如一把能够开启细胞膜大门的金钥匙。

顺式脂肪酸的状态

同样的，在自然界中，多元不饱和脂肪酸的双键排列均以顺式形式出现。在碳链中存有一条或多条呈30度~40度的"弯折处"就符合这种条件。就物理化学的角度而言，物质的熔点也因此被降低了，也就是说：在室温下这类的脂肪酸是呈现液态状的。

反式脂肪酸 经过现代工业的制油技术，利用超过150℃的高温和高压大量生产出过于精致的食用油，使得顺式脂肪酸的成分一部分变质成对人体有害的反式脂肪酸。

反式脂肪酸的化学结构

其中一个氢原子被放在双键中的另一侧，与另一个氢原子相对。这两个氢原子被摆在对角线的位置上（而非同一侧），这时脂肪酸将会自己伸长，导致产生变形，将原本有"弯折状"链接式变成"直条状"链接。

反式脂肪酸的影响

变形的反式脂肪酸会衍生出一些问题：反式脂肪酸同样也会附着在细胞膜上面。天然顺式脂肪酸经过商业大量制造出的油类脂肪，很有可能产生对人体有害的不饱和脂肪酸。不饱和脂肪酸会带来心血管疾病的风险，此外还会附着于细胞膜内的磷脂上（细胞膜的结构），进一步造成体内功能负面的伤害。

反式脂肪酸与组织荷尔蒙的关系

组织荷尔蒙的形成会因为反式脂肪酸的缘故而受影响，进而使有害的组织荷尔蒙得利，造成发炎、过敏、身体疼痛、糖尿病及血管阻塞等问题，并增加血栓形成的风险。大脑的运作和情绪方面会受到相当程度的负面影响，也会造成免疫系统长期受损。

反式脂肪酸与癌症的关系

反式脂肪酸同时还会诱发癌症并促进癌细胞成长。长期持续地摄取反式脂肪酸，将会破坏细胞的功能，并且会进一步使得免疫系统、激素等荷尔蒙系统及所有的神经系统受到干扰和损伤。

反式脂肪酸的日常来源

反式脂肪酸是真正的有害油类，被誉为"餐桌上的定时炸弹"，主要来源是部分氢化处理的植物油。它通常都隐藏在廉价的植物油、会变硬的脂肪（烘焙的产品里）及很多日常生活食品中，像洋芋片、炸薯条和蛋糕甜点。部分氢化油具有耐高温、不易变质、存放久等优点。

如何识别反式脂肪酸的添加？

如果一种食品标示使用转化脂肪、氢化

棕榈油、人造植物黄油等，那么这种产品含反式脂肪酸。此外，食品包装成分种类标示一般是依据含量高低顺序排列，如果以上名称出现在产品前面，可推测反式脂肪酸含量高。

常见含反式脂肪酸的加工食品有

珍珠奶茶、薯条、薯片、蛋黄派、草莓派、大部分饼干、方便面、泡芙、薄脆饼、油酥饼、麻花、巧克力、沙拉酱、奶油蛋糕、奶油面包、冰淇淋、咖啡伴侣或速溶咖啡。当看到人造黄油时，最好使用最软的一种，通常这种含最少量的反式脂肪酸。最后，记住多吃水果、蔬菜和全谷物，这些食物或不含反式脂肪酸和饱和脂肪酸。

反式脂肪酸对人类健康有害，主要表现在以下几点

1 形成血栓

反式脂肪酸会增加人体血液的黏稠度和凝聚力，容易导致血栓的形成，对于血管壁脆弱的老年人来说，危害尤为严重。

2 影响男性荷尔蒙的分泌

反式脂肪酸会减少男性荷尔蒙的分泌，对精子的活跃性产生负面影响，并且中断精子在身体内的反应过程。

3 降低记忆

研究认为，青壮年时期饮食习惯不好的人，老年时患老年痴呆症的比例更大。反式脂肪酸对可促进记忆力的一种胆固醇具有抵制作用。

4 容易发胖

反式脂肪酸不容易被人体消化，容易在腹部积累，导致肥胖。喜欢吃薯条等零食的人应提高警惕，油炸食品中的反式脂肪酸会造成明显的脂肪堆积。

5 影响发育

怀孕期或哺乳期的妇女，过多摄入含有反式脂肪酸的食物会影响胎儿的健康。研究发现，胎儿或婴儿可以通过胎盘或乳汁被动摄入反式脂肪酸，他们比成人更容易患上必需脂肪酸缺乏症，影响胎儿和婴儿的生长发育。除此之外，它还会影响生长发育期的青少年对必需脂肪酸的吸收。反式脂肪酸还会对青少年中枢神经系统的生长发育造成不良影响。

6 干性油和非干性油的区别

除了饱和脂肪酸和不饱和脂肪酸的分类，我们可以按照其在空气中的改变情况，将油脂分为干性、半干性油和非干性油，以挑选适合自己皮肤适用性的油脂。

油脂分类	特　点	油　品
干性油	含有60%多元不饱和脂肪酸、亚麻油酸和次亚麻油酸，由于其反应活跃，在空气中能快速与氧气结合（氧化）及树脂化，在皮肤表面形成干性薄膜。因此，干性油能够很快被植物吸收。	属于干性油的油品有玫瑰果油、大麻油、月见草油、沙棘果油、葡萄籽油。
半干性油	半干性油类中的油酸比例较低，亚麻油酸和次亚麻油酸的比例最高可至50%。半干性的油最适合用来做皮肤保养和按摩油，并能达到长时间滋润的效果。	属于半干性油有琼崖海棠油、芝麻油。
非干性油	非干性油类中含有大量的油酸成分以及最多约20%的亚麻油酸和次亚麻油酸。非干性油类的特色是保存期限长，适合作为按摩油，并且具高度的保护滋润效果，能够在皮肤上形成一层舒适又弹性且持久的油脂薄膜。	属于非干性油的有鳄梨油、昆士兰坚果油、甜杏仁油、橄榄油、菜籽油等油品。

干性油的美容作用

干性油类富含大量的亚麻油酸和次亚麻油酸。干性的油类因为其化学反应较温和，所以能够快速地与大气中的氧分子做结合（也就是氧化现象）。干性油氧化后会在皮肤的最外面形成一层摸起来干干的保护膜——这种现象我们解释为：油类被聚酯化了。化学方面则称这个过程为聚合作用。简单来说，聚合现象是分子间相互紧密地链接的现象。最具代表性的例子就是亚麻籽油。

干性油会使皮肤变干燥吗？

干性油这个名词的定义与皮肤保养滋润度是没有关系的，也就是说使用"干性油"后，皮肤并不会变得干燥或是过于干燥（一般使用时并无大碍，但也有例外的情况：如果长期使用亚麻籽油的话。）与其名称完全相反，干性油类能够很快为皮肤吸收，并且加速细胞新陈代谢，促使物质燃烧，如此一来就连干性缺水的肌肤都会变得光润有弹性。干性油与偏油性的油类二者能混合搭配，特别适合的油类如芝麻油、葵花籽油及橄榄油。

7 护肤产品应该选矿物质油类还是植物性油类

皮肤老化的原因

皮肤老化的过程可能是由于基因的关系，也可能是因为外在因素影响其老化现象。每个人都会面临这个问题，从自然的物理现象来说，人的肌肤大约是从30岁以后开始老化。一到了这个年纪，基层底的细胞分裂比率就会衰退，皮肤的表皮层就会变薄，然后皮脂腺和汗腺的功能也会因此渐渐退化，造成体内的免疫系统也变得脆弱。

护肤产品真的有用吗?

护肤保养商品就是为了帮助肌肤恢复运作，加强免疫功能及避免老化现象的发生。我们会发现市面上大部分的护肤产品都含有矿物质油类或者石蜡成分，这类产品尤其适宜制造给婴儿、孩童或老人使用。作为替代品的还有以植物油为基础的商品。这两种商品的油类是不同的油，脂肪也不是同样的脂肪。如果我们分别从矿物油和植物油的化学结构来看，矿物油和石蜡的化学式中都没有真正的脂肪，而真正的脂肪和油性却毫无疑问地能在植物性或动物性的商品中找到。我们人体制出的脂肪也算是动物性的脂肪。

矿物性油脂和石蜡

什么是矿物性油脂?

矿物性油脂是由石油、褐煤、化石燃油和其他的矿物质原料中提炼出来的，实际上就是饱和碳氢化合物的混合体。碳氢化合物特别会从原油及其加工产品中制造出来。其他类似的流质状、半固体或是固体状的化合物也都被称为矿物性油类或是矿物性脂肪，例如凡士林或是石蜡。这些物质都经由高度精制的过程萃取出来，然后作为很多化妆保养品的基础成分。其实石蜡与矿物性脂肪的意义是相同的。

什么是石蜡?

石蜡与其他所有的矿物油产品一样，在化学式上都是属于烷烃类，在这类有机化合物中存在最简单的碳、水化合物质的联结，并且这个家族的名字永远都是以-an作为结尾，如甲烷及正己烷。这整个家族的基本化学式大致上是很相似的。烷烃类是饱和烃，因为它的烷烃分子中，氢原子的数目达到最大值。它们会发展出分支的或是没有分支的链。这个状态已饱和的化学结构，真的如字面上所说的"饱了"，所以它们也不会再与其他物质结合，这个观念很近似于饱和脂肪酸类。它们的化学结构非常稳定，而且几乎可以没有期限地保存。

矿物性油脂的护肤产品的优点

市面上常见的护肤美容和美肤相关的产品中，有一大部分都是由矿物性物质提炼出的油类作为基础用油。如同其名，这种油类的好处就是它不是生物性的油类，这是与植物性油类最显著的不同处。然而矿物性油类却无法提供必要的帮助或养分来保护我们人体最重要的皮肤功能。另外与植物性油类不同的还有，矿物性油类的产品只能停留在皮肤表层上，换句话说：它们是吸附在皮肤上不是被吸入，所以，它们保护肌肤的功能可能是短暂不持久的。

矿物性油脂的护肤产品的劣处

在高剂量的护肤美容药剂中，矿物性油脂的成分会妨碍皮肤的功能，像是皮肤的新陈代谢及排毒。除此之外，它也会对皮肤的防御功能造成明显的影响。由于矿物性保养皮肤的产品会在我们的皮肤上形成一种胶膜的作用，于是我们原本正常的皮肤防御功能就会开始改变，我们皮肤表面上的样子也就出现了孔洞。防御膜出现了气孔的漏洞，那皮肤里面的水润光泽就会跟着消失。一旦长期使用这类标示着高剂量的矿物性油类或硅树脂药剂，就会越来越离不开这种东西，因为每一次使用完后，没过多久，皮肤又开始出现不舒服的紧绷感和干燥感。

植物性油类和脂肪

植物性油脂的优势

与矿物性油脂不同，植物性的油脂和脂肪可以进入角质层和表皮层内，所以它们能够被人体吸收，并能促使身体的修复作用运行。这项发现不仅指出，植物油类产品可能有助于修复深层的皮肤底层，还更强调这些产品对皮肤最上方角质层的活化和滋润

功能。像亚麻籽油这类的脂肪酸和脂肪附加营养物可以使皮肤的防御层活化、再生，然后水分就会被锁住在皮肤里面，达到皮肤的保水性。

涂在皮肤上的亚麻油酸

锁住水分，消除痘痘

几乎在任何植物性油类里都有顺式亚麻油酸的成分，针对这个成分，因为它是经反复实验且极具美容效用成分的物质。顺式亚麻油酸能解决皮肤过度角质化情形、过干性的肤质以及易红肿发痒和发炎的皮肤问题，对于疱疹和青春痘也很有帮助。顺式亚麻油酸还能够帮助减少表皮层的水分流失，锁住水分的同时提高皮肤的含水度。除了这些之外，也能进一步强化皮肤本身的再生机制。

修复晒伤，促进皮肤再生

涂在皮肤上的亚麻油酸，会帮助皮肤形成所谓的"皮脂保护膜"，或者亚麻油酸会通过酵素的作用过程转变成脂肪酸，然后影响细胞组织的增生（也就是达到抗皱的效果）。含亚麻油酸的植物油在皮肤病、晒伤、皮肤受伤方面是很有帮助的，因为这种油的成分能够加快皮肤保护膜的再生。皮肤过度角质化是指皮肤的油脂分布产生变化，通常这也与顺式亚麻油酸的缺乏脱不了关系。

植物油类护肤品与矿物性油类护肤品比较

护肤品分类	组成物质	产品特性
植物油与脂肪	属于脂肪、油类，由甘油和三个脂肪酸构成。	1. 能够被身体吸收，到达深处。 2. 对重建活化肌肤功能有正向帮助。 3. 强化皮肤防护功能。 4. 可能会引发皮肤过敏。 5. 价格昂贵且保持期限短。
矿物性油脂石蜡	属于烷烃类化合物，是饱和碳水化合物质。	1. 能够被吸附，附着在表面。 2. 不能帮助皮肤的防护功能。 3. 对皮肤的自生重建没有帮助。 4. 价格便宜，不会引起皮肤过敏等反应。 5. 物美价廉，可长期保存不变质。

8 品质好的油都是长什么样

我们日常所用的油品大多数都是从超市里购买的，因此只要了解油品食品标签上的信息（在前面章节有详细介绍），我们就能避免做"盲目的消费者"，不受各种油品谣言的蒙蔽，选购高品质的油品。但是现实生活中，油品的摄入并非只来源于"自家"的。比如，我们在小饭馆里吃饭，或是在路边摊买早点等，很多时候选择油品的权利可能并不完全掌握在我们自己手里，这时，我们就需要一些额外的技能，帮助我们更好地判断油品的品质。

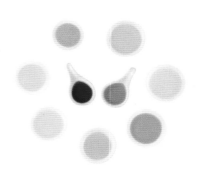

1

常见的劣质油类

广义上的"地沟油"是对各类劣质油的统称，一般包括潲水油、煎炸废油、食品及相关企业产生的废弃油脂等。

什么是"地沟油"？

"地沟油"最早是用来生产肥皂或皂液的。随着能源价格的不断上涨，"地沟油"成了生产生物柴油的廉价原料。捞取大量暗淡浑浊、略呈红色的膏状物，仅仅经过一夜的过滤、加热、沉淀、分离，就能让这些散发着恶臭的垃圾变身为清亮的"食用油"，最终通过低价销售，重返人们的餐桌。这种被称作"地沟油"的"三无"产品，其主要成分仍然是甘油三酯，却又比真正的食用油多了很多致病、致癌的毒性物质。

"地沟油"的分类

有研究将"地沟油"分为三类：

① 狭义的"地沟油"是将下水道中的油腻漂浮物（"地沟油"）或将宾馆、酒楼的剩饭、剩菜经简单加工而提炼出的油。

② 劣质猪肉、猪内脏、猪皮加工及提炼后产出的油。

③ 用于油炸食品的油使用次数超过规定要求后，再被重复利用或往其中添加一些新油后使用的油。

"地沟油"的危害

"地沟油"的生产已形成了产业链，有人专门负责收油料，有人专门负责炼油，还有人专门负责联系买主，将它们卖给饭馆、摊贩、零食作坊等。很多人以为，吃了用"地沟油"做的菜最多是拉拉肚子，但其实"地沟油"的危害远远不止于此。动植物油经污染后发生酸败、氧化和分解等一系列化学变化，产生对人体有重毒性的物质，会引起消化不良、头痛、头晕、失眠、乏力、肝区不适等症状。

②

路边摊也要看油品

如果吃的是路边摊，可以观察这些店家所用油品的模样来判断，这点很容易做到。为了方便制作食物，老板们通常设法把油藏起来，买之前，可以先看看老板的油品。

③

看油需看透明度

判断油的品质，重点不是看油的颜色，而是看油的透明度。品质好的油都是清澈透明的，没有杂质，且在常温下，我们常见的几种植物油，比如豆油、玉米油、花生油、菜籽油等，都应该呈液态。如果你发现老板用的油很浑浊，有沉淀、絮状物，或者用来装油的容器黏糊糊、脏兮兮，还是不要买的好，因为你很可能会遇到"地沟油"。

A 腹泻

"地沟油"的制作过程很不卫生，其含有的大量细菌、真菌等有害微生物一旦到达人的肠道，轻者会引发人们腹泻，重者则会引起一系列肠胃疾病。

B 腹痛

所有的"地沟油"都会含铅量严重超标，而食用了含铅量超标的"地沟油"做成的食品，则会引起剧烈腹绞痛、贫血、中毒性肝病等症状。

C 胃癌与肠癌

"地沟油"中的两大毒素

"地沟油"是对从酒店、餐馆收来的潲水和垃圾油进行加工提炼，去除臭味而流到食用油市场的成品。潲水油中含有黄曲霉素、苯并芘，这两种毒素都是致癌物质，可导致胃癌、肾癌及乳腺、卵巢等部位癌肿；垃圾油是质量极差、极不卫生的非食用油，食用则会破坏白细胞和消化道黏膜，引起食物中毒。

"过菜油"的致癌作用

"过菜油"之一的炸货油在高温状态下长期反复使用，与空气中的氧接触，发生水解、氧化、聚合等复杂反应，致使油黏度增加，色泽加深，过氧化值升高，并产生一些挥发物及醛、酮、内酯等有刺激性气味的物质，这些物质具有致癌作用。

④

教你识别"地沟油"

随着工艺的精进，一些"地沟油"从外表上已和正常的油没有明显的区别了。"地沟油"的制造手段非常多，它的检测要由专业技术机构来做，对感官、水分含量、酸价、过氧化值、羰基价、碘值、金属电导率和钠离子含量等进行测定。而对于消费者来说，可以通过以下六个方面来初步识别"地沟油"：

Rule 1 (看) 透明度

纯净的植物油呈透明状，在生产过程中由于混入了碱脂、蜡质、杂质等物质，透明度会下降；看色泽，纯净的油为无色，在生产过程中由于油料中的色素溶于油中，油才会带色；看沉淀物，"地沟油"的主要成分是杂质。

Rule 3 (尝) 味道

用筷子取一滴油，仔细品尝其味道。口感带酸味的油是不合格产品，若有焦苦味的油已发生酸败，有异味的油可能是"地沟油"。

Rule 5 (少) 吃饭馆，多做菜

在饭馆吃饭，不容易观察到老板的油瓶，这时你可以借助炒鸡蛋或者有炒鸡蛋的菜，间接地观察油的外观。不管用的什么鸡蛋，做菜的火是大是小，品质好的油炒出来的鸡蛋，颜色都很干净；而品质差的油炒出来的，就脏兮兮的，色泽暗淡。回想一下自家做的炒鸡蛋，你就能很快判断出，眼前的这盘炒鸡蛋靠不靠谱，进而推断店家用的油是好还是坏。当然，我们能做的还有就是尽量减少在小饭馆、路边摊吃东西，尽可能从正规的超市购买油，自己在家里做菜。

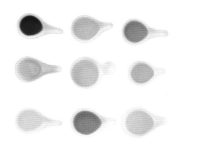

Rule 2 (闻) 气味

每种油都有各自独特的气味。可以在手掌上滴一两滴油，双手合拢摩擦，发热时仔细闻其气味。有异味的油，说明质量有问题，有臭味的很可能就是"地沟油"，若有矿物油的气味更不能买。

Rule 4 (听) 响声

取油层底部的油一两滴，涂在易燃的纸片上，点燃并听其响声。燃烧正常无响声的是合格产品；燃烧不正常且发出"吱吱"声音的，水分超标，是不合格产品；燃烧时发出"噼叭"爆炸声，表明油的含水量严重超标，而且有可能是掺假产品，绝对不能购买。

Rule 6 (问) 进货渠道

询问商家的进货渠道，必要时索要进货发票或查看当地食品卫生监督部门抽样检测报告。此外，食用油有一定成本，如果油的价格太低，就很可能是有问题。

Tips：

油的颜色主要和油的原料有关，不同的油料制出的油，颜色不一样。如玉米油颜色就比较浅，花生油颜色就比较深，大多为橙黄色。如果发现同一种原料制成的油，一种颜色深，一种颜色浅，就可以知道浅的是一级或二级，深的是三级或四级。因为通常油颜色的深浅能反映油的精炼程度：深，说明精炼程度低；浅，说明精炼程度高。

9 植物油凝固了，还能吃吗

有时候，我们会发现，超市里明明好多油都凝固了，看着很不新鲜，却还堂而皇之地摆在货架上。而其实在低温下植物油凝固是属于正常现象，消费者可以在食用前将油放到温暖的地方化开，不影响食用。

其实植物油的凝固大多和温度有关。植物油很怕冷，就像天气变冷，水会结冰一样。当温度降低到一个程度，植物油也会"冻"起来。它们多是花生油、橄榄油，或者是用这两种油制作的调和油。

● 植物油的凝固点

不同的液态植物油都有不同的凝固点，当植物油储存在低于自身凝固点的温度时就会自然凝固。油脂凝固的过程是个渐变的过程，温度降到临界点附近时，油脂首先变得浑浊，然后出现絮状物，最后凝固成膏状甚至成固体状。一般来说，大豆油、菜籽油、玉米油等凝固点较低，不容易凝固；而棕榈油、花生油，凝固点较高，比较容易凝固。

● 以下是各种常见植物油发生凝固的温度列表

名　　称	温　　度
棕榈油	25℃以上
花生油	10℃
橄榄油	5℃
大豆油	−10℃
葵花籽油	−10℃
菜籽油	−10℃以下
玉米油	−10℃以下

● 油脂结晶和食用真的没有关系吗？

各种油品只要温度足够低，都会凝固，油脂的结晶对油脂本身品质没有任何影响。植物油冬天发生凝固的现象，只是一种简单的物理变化。其中的固体物质是饱和脂肪酸，不需要清除，植物油凝固后没有任何化学变化，温度回升后还会变成澄清透明的状态。因此，凝固了的植物油，仍可以正常食用。

综上所述，在长时间低温下油脂出现浑油、絮状物、白色沉淀或凝固是正常现象，是油脂固有属性，可以放心食用。同时有些油脂的凝固点虽然在零下，但在零下温度结冻后，即使放在温度高的地方解冻也是缓慢的过程，因为热量在油脂内部传递是一个缓慢的过程，所以这并不代表油品中含有其他油脂。

● 什么是油脂的结冻

油脂是由脂肪酸和甘油结合形成的甘三酯。甘三酯在低温下会产生晶体，液态油转为固体脂，即平常我们通俗的说法叫"结冻"。此种结冻在温度回升或加热后，可以慢慢转为液态。这种现象是油脂（包括豆油、花生油、茶油等）固有的一种特性，这种结冻对油脂的化学特性没有影响。

● 油脂的精炼过程对其抗冻性能的影响

按照国家有关标准的规定，一级大豆油、菜籽油等经冷冻试验（0℃储藏5.5小时），应该是澄清、透明的。但是由于油品在精炼过程中脱除了杂质、水分、游离脂肪酸、蜡质等成分的同时，也脱除了胶体，因为胶体的存在会影响油品的储存、使用、风味等，从而使油脂的黏度下降，抗冻性能相对变差，在较长时间低温下放置，"油"会逐渐向"脂"转化，出现发蒙甚至结冻现象，属于正常的物理性变化，且不同产品、不同生产厂家和工艺也不同，食用油的凝固点也不尽相同，并不影响油的品质与营养。

● 油脂产品从透明转为发蒙，或者出现絮凝物甚至沉淀物和结冻的原因可能是

1

油脂产品中含有少量高熔点的甘三酯成分，如未经冬化处理的棉籽油、花生油、米糠油、菜籽油等均含有。可以通过冬化工序去除高熔点甘油三酯来满足一级油（色拉油）的标准要求。

2

油脂产品中含有的微量化合物，主要成分是天然蜡质，其次为一些极性化合物，如游离脂肪酸、游离脂肪醇等。如米糠油、葵花籽油、玉米胚芽油都含有不同程度的蜡质。这些微量成分的存在一定程度上影响了产品的透明度，但可以通过脱蜡工序去除绝大部分这些物质。

3

太低的储存温度，尤其在北方的冬天，油脂会呈现凝冻状，但当气温回复到温暖时，凝冻状又会消失，这是油脂固有的性质。

● 同一品种的油脂出现不同的凝固点的主要原因

1

油料产地不同，加工得到的油脂凝固点就不一样，如美国大豆油已经结冻时，巴西大豆油在相同条件下却是透明的。

2

很多油料植物都是转基因植物，我们榨取的油脂由于油料植物基因的改变，脂肪酸组分也在发生改变，如卡诺拉菜籽油是超低芥酸和芥苷的新型转基因油脂，跟传统的菜籽油凝固点就不存在可比性。

3

油料产地和油料品种基因的变异导致凝固点出现变化是客观存在的，如美国中部所产的转基因大豆油可能已经结冻，而西部所产的转基因大豆油却是清澈透明的。

● 教你地道的辨油法

对植物油来说，"凝固"往往只是一种物理现象，不会影响自身的品质，只要稍微加热一下，它们又会恢复成你所熟悉的液态。如果是在正规超市里买油，就不用在意油的凝固；但如果是在菜市场或路边小店里买，却可以利用植物油的这一特点来判断你买的油是不是地道的。这是因为，它往往可以反映出油脂在低温状态时的"抗形成沉淀物"的性能，比如，国家标准的冷冻试验规定，大豆油在-8℃时冷藏5.5小时，油脂外观依然澄清透明，则为一级油。假如冬天，在没有暖气的屋子里，你眼前的花生油或橄榄油没有一点凝固的样子，或者你的油在常温下就生出了凝固物，那还是换个地方买吧。

● 从植物油的凝固看其纯度

油的饱和脂肪酸含量越高，饱和度越高，就越容易凝固。动物脂肪含饱和脂肪酸高，熔点高，常温下多呈固态；而植物脂肪含不饱和脂肪较多，熔点低，常温呈液态，低温时会凝固。因此，可以通过油品的凝固状态判断植物油的纯度。植物油中加入动物油越多，凝固温度升得越高。少数植物油脂（如花生油、棕榈油）的饱和脂肪酸较多，凝固温度就会较高。

10 调和油比单品油更好吗

　　"油"是人们每日必吃的食物，因此它的用法是否科学对于人体健康至关重要，如果使用不当，日积月累甚至可能引发癌症。如果没有油，就会造成体内维生素的缺乏，以及必需脂肪酸的缺乏，影响人体的健康。一味强调只吃植物油，不吃动物油，也是不行的，在一定的剂量下，动物油（饱和脂肪酸）对人体是有益的。

　　现在一般家庭还很难做到炒什么菜用什么油，但我们建议最好还是几种油交替搭配食用，或一段时间用一种油，因为很少有一种油可以解决所有油脂需要的问题。

> **Tips：**
>
> 对于血脂不正常的人群或体重不正常的特殊人群，我们更强调的是选择植物油中的高单不饱和脂肪酸，在用油的量上也要有所控制。血脂、体重正常的人总用油量应该控制在每天不超过25毫升，多不饱和脂肪酸和单不饱和脂肪酸基本上占一半；而老年人、血脂异常的人群、肥胖人群、肥胖相关疾病的人群，每人每天的用油量还应降到20毫升。

什么是调和油？

　　调和油又称高合油，它是根据使用需要，将两种以上经精炼的油脂（香味油除外）按比例配制成的食用油。调和油一般选用精炼大豆油、菜籽油、花生油、葵花籽油、棉籽油等为主要原料，还可以配有精炼过的米糠油、玉米胚芽油、油菜籽油、红花籽油、小麦胚油等特种油脂。

调和油的加工过程

　　其加工过程是根据需要选择上述两种以上精炼过的油脂，再经过脱酸、脱色、脱臭、调和，成为调和油。调和油的保质期一般为12个月。人们之所以花那么大的心思配制调和油，就是因为希望有这么一种油，既能满足大家对食用油多样化的需求，又能取各种食用油之长，避各种食用油之短。

脂肪酸的最佳摄入比例

　　任何一种食用油都有脂肪酸，但不同的油含有的饱和脂肪酸、单不饱和脂肪酸和多不饱和脂肪酸的比例不同。世界卫生组织建议，饱和脂肪酸、单不饱和脂肪酸、多不饱和脂肪酸的最佳摄入比例为1∶1∶1。这个比例基本上也是衡量食用油营养品质高低的重要标准，我们平时吃油还是需要考虑一下它的。

市面上的调和油可以分为以下几种

调和油种类	油品特性
营养调和油	一般以向日葵油为主，配以大豆油、玉米胚油和棉籽油，亚油酸含量为60%左右，油酸含量约30%，软脂含量约10%。
经济调和油	以菜籽油为主，配以一定比例的大豆油，其价格比较低廉。
风味调和油	以菜籽油、棉籽油、米糠油与香味浓厚的花生油按一定比例调配成"轻味花生油"，或将前三种油与芝麻油以适当比例调合成的"轻味芝麻油"。
煎炸调和油	用棉籽油、菜籽油和棕榈油按一定比例调配，制成含芥酸低、脂肪酸组成平衡、起酥性能好、烟点高的煎炸调和油。
高端调和油	如山茶调和油、橄榄调和油，主要以山茶油、橄榄油等高端油脂为主体。

调和油相比单品油的优劣势

相比单品油，调和油最大的好处就在于它的脂肪酸比例已经调配好。但从吃的角度来说，它的价格要高一些，香味也不够个性，但是这并不影响健康调和油的盛行。

健康调和油不同于普通调和油，它含有丰富的α–亚麻酸，在人体肝脏酶的作用下，可生成二十碳五烯酸（简称EPA）和二十二碳六烯酸（简称DHA），长期食用对"三高"症状的人、心脑血管病患者均有较好效果。

DHA是人体大脑和视网膜的主要成分，对提高智商和增强视力有着很好的效果。

如何选择一瓶适合的调和油

Rule 1 看 配料表

选择调和油的步骤相对复杂，需要仔细看包装上的配料表。通过看配料表，你可以了解你要买的调和油到底是用什么油调出来的；还可以知道这些油中，哪个用得多，哪个用得少。

在配料表里，越是排在前面的，用的量越多。在植物油中，棕榈油的价格相对便宜，一些商家便用棕榈油来做调和油，但棕榈油的营养价值比较低，且含有较高的饱和脂肪酸。在正规的商场里买正规厂家的调和油，看配料表就知道有没有用棕榈油。

Rule 2 看外观

如果是在监管不那么严格的菜市场上买调和油，或者买的是不熟悉的品牌，就要多留心，要好好观察油的外观，看是否有絮状物或凝固，如果有，那里面很可能混有棕榈油。这是因为棕榈油的熔点很高，要在40℃时才变成液体，也就是说，常温下，棕榈油是呈凝固状的，即使经过精炼，熔点下降，在12℃以下仍会凝固。

Rule 3 不要被广告蒙骗

市场上的调和油也有好坏优劣之分，一些商人为了利润，可能会将次品植物油和少量高品质植物油混合起来，冠以调和油的名字。橄榄油、花生油、玉米胚芽油、葵花籽油、山茶油在营养学界都是被公认的营养价值高的油种，长期食用对人体健康起到保健作用，但是有专家表示，凡是调和油上标明以上述油种为品名的调和油实则含量较少。

所有调和油的瓶标上标注的"XX调和油"的巨大字样具有一定的视觉冲击力，加上品牌理念引导、广告传播的渗透，定然吸引着消费者购买的欲望。其实只要消费者细心观察一下纯食用油的价格，和调和油比较，该调和油的所谓主要成分含量究竟有多少也就有个七八分清楚了。

自制调和油更安全

要是对市场上的调和油质量不放心，我们不妨自己动手制作调和油。这其实并不难，将几种植物油按照一定比例倒入油壶里就可以了，而这个"一定比例"主要是根据所使用的植物油的营养特点来定。

1 自制调和油的原则

因为人体需要不饱和脂肪酸，那么在配制的时候，我们可以多选择富含Omega-6脂肪酸（主要是亚油酸）的植物油、富含Omega-3脂肪酸（主要是α-亚麻酸）的植物油以及富含单不饱和脂肪酸（主要是油酸）的植物油。花生油、大豆油、菜籽油、葵花籽油富含Omega-6脂肪酸，而亚麻籽油、紫苏籽油富含Omega-3脂肪酸，橄榄油和山茶油富含单不饱和脂肪酸。

2 自制调和油的脂肪酸比例

配制调和油时，可将大豆油、橄榄油、亚麻籽油按照1:1:0.4的比例配制，这样油酸、亚油酸、亚麻酸就分别占40%、32%和8%，饱和脂肪酸则占14%。多不饱和脂肪酸、单不饱和脂肪酸和饱和脂肪酸的比例为1:1:0.14，Omega-6脂肪酸和Omega-3脂肪酸的比例为4:1。但也没必要计算得如此精确，只要保证用到了富含Omega-6脂肪酸、Omega-3脂肪酸和单不饱和脂肪酸的植物油即可。

11 小品种油真的是"物有所值"吗

随着人民生活水平的不断提高，从原来的追求吃饱，到现在追求吃好，更多人越来越讲究养生，对于食品的安全与质量的要求也越来越高。虽然转基因大豆的话题在国内一直争吵不休，但没有数据证实转基因对人体有害，也没有数据显示对人体没有害，大豆油的食用量也在减少。而调和油的搭配一直没有明确的数据出示，消费群体也在减少。因此一些小品种油品开始吸引人们的目光，如玉米油、橄榄油、棉籽油等。

1 **什么是小品种油？**

小品种油简单地说就是市场份额比较小的食用油，如橄榄油、玉米油、菜籽油、米糠油、小麦胚芽油、亚麻籽油、红花籽油、葡萄籽油、紫苏油、月见草油、核桃仁油、杏仁油、南瓜子油、沙棘油、松子油等。虽然它们只是小品种油，但却都是异常高贵的油脂。也许正是由于它们的高贵和稀有，才不能称为大宗油脂吧。

2 **为什么小品种油如此受欢迎？**

1 营养成分特殊，保健功效突出

小品种油的油料种植范围不广泛，产量小，数量小，通常都没有办法形成规模化生产，最多在特定地区形成主流，比如地中海沿岸的国家常吃橄榄油。虽然规模小、数量少，但我国对小品种油的需求量越来越大，这是因为小品种油往往含有大量的不饱和脂肪酸，尤其是油酸和亚油酸，这对维持膳食结构中脂肪酸的多样化平衡非常重要。小品种油富含微量元素和生物活性物质，营养价值和保健功效突出。

2 宣传力度大，包装精美

目前市场上食用油的品种繁多，除了常见的花生油、大豆油、调和油之外，高端食用油也纷纷登上市场柜台，如橄榄油、亚麻籽油、紫苏籽油等。像市民比较熟悉的橄榄油富含不饱和脂肪酸，具有降低胆固醇、软化血管等作用。这些小品种食用油具有较高的营养价值、保健性，加之包装精美，都令讲究生活品质的消费者更愿意接受其高价。

食用小品种油的注意事项

3

1 不宜加热，适宜凉拌

　　小品种油，比如坚果油、核桃油、山茶油等，它们在加工过程中基本没有经过精炼，从而保留了大量的维生素E，具有抗氧化作用的植物化学物和香气，有利于减少心脑血管疾病的发生。这些油脂不饱和脂肪酸含量高，热稳定性差，因此最好不要加热，可以用来凉拌。

2 不宜一次性购买过多

　　有的人也会买来直接食用。但需要注意的是，小品种油也是脂肪，吃多了也会胖。如果额外补充有保健油，就需要减少当天烹调用油的适用量，因此还是建议用来凉拌食物或者涂在馒头、面包上食用。同时这种油稳定性不好，不能长期存放，不要一次买太多。

常见的小品种油

4

　　常见的小品种油除了橄榄油，山茶油、亚麻籽油、紫苏籽油也是营养价值很高的食用油。

1 山茶油

　　山茶油的脂肪酸组成方式和橄榄油相近，被誉为"东方橄榄油"。这种油还具有抗动脉硬化、抗菌杀菌、抗病毒、抗辐射等多种功效。

2 亚麻籽油和紫苏籽油

　　亚麻籽油和紫苏籽油也是比较好的小品种油。两者都富含 α-亚麻酸，紫苏籽油中的 α-亚麻酸含量为44%～64%。α-亚麻酸能转化为DHA和EPA，对成年人的血脂健康、儿童的大脑和视力发育大有好处。

3 香油

　　香油其实也是小品种油，作为一种传统油，不仅味道好，而且营养价值高，除了油酸、亚油酸含量丰富，还含有能抗氧化、抗衰老、调节血脂、调节免疫力的芝麻素。

PART 2

只和好油谈恋爱：20种常见食用油大比拼

食用油的种类太多了，站在超市的食用油货架前，我们常会有"挑花眼"的感觉。我们都知道，不同的油料榨出的油，营养、味道肯定不一样，但究竟哪一种油适合我们呢？并且，做菜放油的意义绝不仅仅是让菜好吃，每一个人都需要从油中获取身体必需的营养。本章介绍了20种常见食用油的营养成分、保存方法、鉴别技巧，了解食用油的营养特点，就能知道要如何根据我们身体的情况买油、用油和吃油。

花生原产地是南美洲，而花生油为远古印加民族的保养秘方好油，是一种重要的营养食品。约500克花生才能萃取出125毫升花生油。花生油的味道浓郁，滋味可口，是一种比较容易消化的食用油。

花生油的ID卡

油的颜色	淡黄色至浅咖啡色、透明，色泽清亮
口 感	甜甜的、宜人的味道
气 味	浓郁的榛果香、花生香
特 性	半干性
成 分	油酸42%～62%，亚麻油酸24%～43%，饱和脂肪酸10%～18%（尤其是棕榈酸的含量），脂肪伴随物质约1%，其中包括维生素及各类矿物质
料理烹调法	煎、煮、炒、炸、凉拌，尤其是凉拌或甜食
美肤的应用	是最佳的护肤油

❀ 花生油的营养价值

1　花生油是最佳的护肤油，常用来做抗头皮屑和淡化头部伤疤的治疗油。

2　花生油能够软化（婴儿脸上的）乳痂，并逐渐淡化痕迹。

3　食用花生油可使人体内胆固醇分解为胆汁酸并排出体外，降低血浆中胆固醇的含量。

4　经常食用花生油，可以保护血管壁，防止血栓形成，有助于预防动脉硬化和冠心病。

5　花生油中的胆碱可以改善人脑的记忆力，延缓脑功能衰退，是中老年人理想的食用油之一。

6　沐浴时额外加入花生油，可以改善皮肤干燥、常年不消的青春痘问题以及干性肤质。

7　花生油中含有益寿延年、保护心脑血管的保健成分——白藜芦醇、单不饱和脂肪酸和β-谷固醇。实验证明，这几种物质都是肿瘤类疾病的化学预防剂，也是降低血小板聚集、防治心脑血管疾病的化学预防剂。

❀ 会吃还要会保存

1. 合理选择花生油的储存容器。油多时选用小口径的陶瓷缸，油少时选用不透光的深色玻璃瓶。油装满后应密封瓶口，使油和空气隔绝，防止食用油氧化变质。

2. 储存的容器应放置在阴凉、避光、干燥、温度低的地方。由于阳光中的紫外线和红外线能促使油脂的氧化和加速有害物质的形成，所以，储油的容器应尽量减少与空气、阳光的接触。

3. 储存花生油要防止高温。储存温度以10～15℃为好，一般不应超过25℃。

4. 食用油内不能混入水分，否则容易使油脂乳化，混浊变质。

5. 若单位或亲朋好友馈赠的食用油较多，一时吃不完，可以选用花椒、茴香、桂皮、丁香、维生素C等抗氧化剂放少许加入油中，以延缓或防止食用油的氧化变质。

❀ 教你鉴别纯正花生油

Rule 1 看 油品颜色

优质花生油淡黄透明、色泽清亮、无沉淀物，色泽深暗、浑浊的为劣质花生油。但是现在的造假技术越发厉害，一些不法商贩不但会用其他价格较低的正品食用油代替花生油，有的甚至还会在食用油中添加一些化学物质，令劣质油看起来有优质花生油的"光鲜亮丽"，却没有纯正花生油的"醇香口感"。

Rule 2 闻 油品气味

优质花生油气味清香，劣质油的香味浓郁而花生味不足、有异味。可滴两滴油到手心，搓至发热，拿到鼻前闻，纯正花生油可闻出浓郁的花生油香味，掺入香精的花生油开始有微微的花生油香味；再次揉搓，纯正花生油仍保持较浓的花生味，而掺假花生油香味越来越淡，并且在此过程中可能会产生异味。

Rule 3 冻 花生油

把冰箱冷藏室调至10℃，将油放进去10分钟左右，纯正的花生油一半就会开始凝固，而掺有大量大豆油的"花生油"则只有底部微微一点凝固，掺入棕榈油的"花生油"会大部分或全部凝结，并且结晶处是白色的晶体。如果是在天冷的时候，甚至不需要放到冷藏室，只要放在露天的阳台一会儿，就能看出差别了。这是鉴别花生油最简单、最明显的一种方法。

Rule 4 炒 花生油

炒菜时加入花生油，纯正的花生油不溢锅、不起沫、无油烟，香味芬芳宜人；而劣质花生油加热容易溢锅、起泡沫、油烟大，甚至颜色变深、变黑。

蒜香蒸鱼

材料： 蒜头30克，豆腐150克，鲤鱼300克，香菜4克

调料： 盐2克，米酒1小匙，芝麻香油3毫升，花生油10毫升，酱油2毫升，鱼露1毫升

做法

1. 蒜头、香菜切末；豆腐切片；鲤鱼去鳍切块。将鲤鱼片撒入盐、米酒和香油，腌10分钟。

2. 取蒸盘铺上豆腐，放上鲤鱼片、蒜末，蒸8分钟。

3. 取平底锅，倒入花生油烧热后，再倒入酱油、鱼露拌匀后，倒入蒸好的鲤鱼片上，撒入香菜，再倒入剩余的花生油烧热，浇在鱼身上即可。

花生酱

材料： 熟花生100克

调料： 砂糖10克，花生油10毫升

做法

1. 取搅拌机，放入去皮的熟花生，开低速，将花生打成粒状（此时可以取出一些备用），加入白砂糖继续低速搅拌，当花生出油时倒入一些花生油，边打边用刮刀刮容器壁的花生泥。

2. 打5~8分钟（看搅拌机本身，时间不一样）至浓稠状的花生酱，加入做法1取出的花生粒状，再继续搅拌均匀后，装碗即可。

花生油蛋白脆饼

主料： 低筋粉65克，糖粉25克，泡打粉2克，蛋白30克，杏仁角20克

辅料： 花生油30毫升

做法

1. 低筋粉、泡打粉、糖粉一起过筛，加入花生油、蛋白、拌成均匀的面糊，装入保鲜袋，剪一小口。

2. 在烤盘中挤出圆圈，表面撒上杏仁角，轻轻按一下，烤好后不易脱落，放入烤箱中层。

3. 上下火160度，烤20分钟，熄火后取出装盘即可。

大豆油
Soybean Oil

大豆油是由黄豆压制而成的，不管在商业用途或家庭用途上，都是使用普及率最高的一款油。大豆油是世界上产量最多的油脂，是一种营养价值很高的优良食用油。它的种类很多，按加工方式可以分为压榨大豆油、浸出大豆油。大豆油色泽较深，有特殊的豆腥味，加热时会产生较多的泡沫。

大豆油ID卡

油的颜色	淡黄色
口 感	温和
气 味	淡淡黄豆香气
特 性	微干涩至半干涩
成 分	亚麻油酸约占50%，油酸约占25%，饱和脂肪酸约占15%，α-次亚麻油酸占8%～11%，脂肪伴随物质占0.5%～2%，其中尤其是大豆卵磷脂的成分（植物固醇，其中谷甾醇的含量占60%）以及维生素E
料理烹调法	煎、煮、炸、甜品（冷压）；煎、煮、炸、炖（精制）
美肤的应用	适合全身使用，能够保护皮肤免于发炎及降低恼人的青春痘和粉刺等问题，并刺激皮肤细胞再生

✿ 大豆油的营养价值

1 大豆油含有丰富的亚油酸等不饱和脂肪酸，具有降低血脂和血胆固醇的作用。

2 大豆油含有丰富的维生素E、维生素D及卵磷脂，人体消化吸收率高达98%。

3 大豆油含有的大豆卵磷脂，有益于神经、血管、大脑的生长发育。

4 大豆油不含致癌物质黄曲霉素和胆固醇，对机体具有保护作用。

5 大豆油还具有驱虫、润肠的作用，可治疗大便秘结不通、肠道梗阻、疝疖毒瘀等。

6 大豆油含有大量的亚油酸。幼儿缺乏亚油酸，皮肤会变得干燥，鳞屑增厚，发育生长迟缓；老年人缺乏亚油酸，会引起白内障及心脑血管病变。

7 经常食用大豆油可以促进胆固醇分解排泄，减少血液中胆固醇在血管壁的沉积，降低心血管病发病率，保护机体，促进大脑、神经的生长发育。

❋ 会吃还要会保存

1. 大豆油通常密封后要放置在干燥、避免日照的阴凉处。如果保存不当，大豆油会出现高温、微生物繁殖、日光照射等所引起的脂肪氧化酸败现象，出现"哈喇味"，这表明大豆油已经不能食用了。

2. 条件允许时，可以将大豆油放在冰箱里的冷藏柜储存，但不需要冷冻，因为需要经常使用。

3. 油脂都有一定的保质期，因此放置时间太久的大豆油不要食用。虽然也可以直接用于凉拌，但放置了一段时期的大豆油最好还是加热后再食用。

4. 精制大豆油在长期储存中，油的颜色会由浅逐渐变深，原因可能与油脂的自动氧化有关，因此，豆油颜色变深时，便不宜再长期储存。

5. 热稳定性较差，加热时会产生较多的泡沫，应避免高温加热后的油反复使用。

❋ 教你鉴别纯正大豆油

Rule 1 看 油品颜色

　　大豆毛油的颜色因大豆种皮及大豆的品种不同而有异，一般为淡黄、略绿、深褐色等，精炼过的大豆油为淡黄色。需要注意的是当大豆油的颜色变深时，便不宜购买做长期储存。大豆油按加工程序的不同可以分为粗豆油、过滤豆油和精制豆油，粗豆油为黄褐色；精制的大多数为淡黄色，黏性较大。

Rule 4 热 大豆油

　　水分多的植物油加热时会出现大量泡沫，并且会发出吱吱声。油烟有呛人的苦辣味，说明油品已经酸败；质量好的油品，应该是泡沫少且消食快。

Rule 2 闻 油品气味

　　大豆油是从大豆中压榨出来的，又可以分为冷压豆油和热压豆油两种。冷压豆油的色泽较浅，生豆味较淡；热压豆油由于原料经高温处理，出油率较高，但色泽较深，带有较浓的生豆气味。

Rule 3 冻 大豆油

　　把大豆油放入冰箱冷藏室中，零上4℃即可，30分钟后取出，纯正大豆油仍然是清澈透明，非纯正大豆油会出现白色絮状物或者沉淀物。

Rule 5 尝 油品味道

　　用筷子蘸上一点油，抹在舌头上辨其味道，质量正常的油品没有异味，如果油品有苦、辣、酸、麻等口感，则说明油品已经变质，有焦煳味的油品质量也不太好。

"油"来一道道

塔香三层肉

材　　料： 三层肉500克，葱10克，九层塔10克
调　　料： 大豆油10毫升，酱油3毫升，砂糖2克
烹饪方法： 炒
烹饪时间： 3分钟

做法

1. 将处理干净的三层肉切成约2厘米的厚片。

2. 洗净的葱切段。

3. 取平底锅，开中火热锅，倒入大豆油，等待锅微热。

4. 放入三层肉，将两面煎得焦香。

5. 再加入酱油、砂糖，煮至糖溶化。

6. 放入葱段。

7. 加入九层塔，拌炒匀。

8. 关火，盛盘即可。

Tips：

优质的三层肉肥瘦适当，侧腹有弹性，颜色鲜红，色泽明亮。

不加黄油的饼干

材　　料： 低筋面粉260克，鸡蛋1只，牛奶15毫升
调　　料： 大豆油25毫升，细砂糖30克，小苏打1克，盐3克
烹饪方法： 烤
烹饪时间： 15分钟

做法

1. 大豆油加入细砂糖，搅拌均匀后加入鸡蛋、适量牛奶，用普通打蛋器继续搅拌均匀。

2. 低筋面粉加入小苏打混合过筛入蛋油糊中，添加少许盐，拌均匀成光滑的面团。

3. 将面团放入一次性保鲜袋，剪一小口，在刷了油的烤盘上挤出面糊。

4. 烤盘送入预热好的烤箱中下层，130℃下火烤5分钟，150℃上火烤8分钟后，取出烤盘晾凉，装盘即可。

Tips：

注意饼与饼之间稍空出间距，会有微小范围的膨胀，最后利用余温使其更松脆。

橄榄油是由新鲜的油橄榄果实直接冷榨而成的，不经过加热和化学处理，保留了天然营养成分。橄榄油在西方被誉为"液体黄金"，其天然的保健功效、美容功效和烹调效果都极佳，是迄今为止所发现的油脂中最适合人体营养的油脂，也是世界上唯一以自然状态的形式供人类食用的木本植物油。

橄榄油的ID卡

油的颜色	淡淡的绿色
口　感	口感带有苦涩、微辣
气　味	淡淡的橄榄香气
特　性	偏中性，在温度为10～15℃时，油质较稠密。
成　分	油酸约占75%，饱和脂肪酸约占15%，亚麻油酸约占10%，脂肪伴随物质占0.5%～1.5%，包含生化鲨烯、植物固醇、酚类化合物、维生素E群（生育酚）
料理烹调法	煮、炖、凉拌，也适合水炒
美肤的应用	特别滋润肌肤和促进肌肤细胞再生，十分适合干性、血液循环不良、皲裂和有脱屑现象的皮肤使用，但神经性皮炎患者不适用

❀ 橄榄油的营养价值

1　橄榄油中的Omega-3脂肪酸能降低血小板的黏稠度，让血小板和纤维蛋白原不易缠绕在一起，从而大大减少了血栓形成的概率。

2　橄榄油中含有比任何植物油都要高的不饱和脂肪酸和各种营养物质，且不含胆固醇，消化吸收率极高，能改善消化系统。

3　橄榄油中的Omega-3脂肪酸能使癌细胞的细胞膜变得易于破坏，能抑制肿瘤细胞生长，降低肿瘤发病率，防止某些癌变。

4　橄榄油含有多酚和脂多糖成分，所以具有防辐射的功能，因此常被用来制作宇航员的食品，更是常坐于电脑前的工作人群保健护肤的"法宝"。

5　橄榄油含有的亚麻酸和亚油酸的比值和母乳相似，且极易被消化吸收，能促进婴幼儿神经和骨骼的生长发育，是孕妇和婴儿适用的油类。

6　橄榄油中所含有的角鲨烯物质，能增加体内HDL（好胆固醇）的含量，减低LDL（坏胆固醇）的含量，从多个方面保护心血管系统。

7　经常食用橄榄油还能降低心脏收缩压和舒张压，起到防治高血压的作用。

8　橄榄油中的天然抗氧化剂和Omega-3脂肪酸有助于人体对矿物质的吸收，如钙、磷、锌等，可促进骨骼生长，防治骨骼疏松。

9　橄榄油具有很好的美容护肤功效，能够很好地防护妊娠纹，抗击紫外线、防止皮肤癌、防治手足皲裂等。

❋ 会吃还要会保存

1. 避免强光照射，特别是太阳光线直射，避免高温。

2. 使用后一定更要盖好瓶盖，以免氧化和香气的流失。

3. 不要使用一般的金属器皿保存，否则随着时间的推移，橄榄油会与金属发生反应，影响油品的质量。

4. 选择深色、棕色瓶装的，且放置在阴凉避光处保存。

5. 橄榄油不要冷藏，冷藏过的橄榄油会变得浑浊、浓稠，有絮状沉淀物，但放回室温中不久就会恢复原状。

❋ 教你鉴别纯正橄榄油

Rule 1　看 品名和分类

橄榄油按其等级分为特级原生橄榄油（或初级初榨橄榄油，Extra Virgin Olive Oil）、原生橄榄油（或初榨橄榄油，Virgin Olive Oil）、油橄榄果渣油（Olive Pomace Oil）等。果渣油是从油橄榄果渣中提炼出的油，质量较低；纯橄榄油是精炼油混合特级初榨橄榄油而成的，多应用在烹调领域。

Rule 2　看 加工工艺

如果是特级原生橄榄油（或特级初榨橄榄油），有一种方法是冷榨（标签上会标明Cold Pressed或Cold Extracted）。冷榨法就是将油橄榄果通过物理机械直接压榨出，通过这种方法提取的橄榄油，天然纯正，营养没有任何破坏。还有一种方法是精炼法（Refined），这种方法实际上就是化学浸出法。

Rule 3　看 包装

橄榄油的包装主要有透明玻璃瓶、深色玻璃瓶、透明塑料桶瓶、纸盒等，橄榄油对光敏感，光照如果持续或强烈，容易被氧化。因此建议购买深色玻璃瓶或不易透光的器皿包装，这样保存较久，不易破坏油品的营养。

Rule 4　尝 橄榄油

把橄榄油倒入玻璃杯中，用手掌紧贴杯底，轻轻晃动，用手掌的温度慢慢将橄榄油加热，使油的香味充分散发出来，尝一小口会有淡淡的苦味及辛辣味，喉咙后部会有明显的感觉，辣味感觉会比较滞后。

海南鸡饭

材料： 洋葱半个，大蒜3瓣，红葱头2瓣，生姜3片，
鸡腿肉2只，大米200克，葱末少许

调料： 盐5克，黑胡椒粉5克，橄榄油30毫升

做法

1. 洋葱切瓣，红葱头、蒜、姜片均切末，鸡腿去骨。
热锅注水，放入切段的鸡骨头、洋葱，煮至沸腾。

2. 洗净大米与红葱头、姜末、鸡腿肉放入电子锅中，
倒入煮好的汤汁，按下"煮饭"按键。

3. 橄榄油、葱末、姜末、盐、黑胡椒粉搅拌为葱酱。
米饭盛碗，鸡腿肉切块放在上面，淋上葱酱即可。

布斯伽塔番茄沙拉

材料： 洋葱75克，西红柿135克，蒜头2瓣，新鲜九
层塔10叶（或干燥罗勒1小匙），起司30克

调料： 橄榄油2大匙，盐5克，黑胡椒粒5克

做法

1. 洗净的西红柿、洋葱、去皮蒜头均切小块，待用。

2. 洗净的九层塔切碎，起司片切成小块，待用。

3. 在装有食材的碗中放入适量的盐、橄榄油，搅拌均
匀，再放入适量的黑胡椒粒，搅拌均匀。

4. 将搅拌好的食材倒入备好的盘子中即可。

干贝沙拉

材料： 番茄80克，葱段10克，西洋芹25克，香菜1
克，干贝200克，青柠60克，大蒜10克

调料： 橄榄油5毫升，盐3克，黑胡椒粉1克

做法

1. 干贝洗净擦干，放入密封盒内，挤入柠檬汁（柠檬
汁必须腌过干贝），盖上盖子，再放入冰箱冷藏至
少一个晚上。

2. 洗净番茄、西洋芹切丁，大蒜、香菜切末，均放入
碗中，将浸泡入味的干贝倒入盛有食材的碗中。

3. 撒入葱花、盐、胡椒粉、橄榄油混合，装盘即可。

黑芝麻油是由金黄色的芝麻粒所榨成的油，营养丰富，味道如坚果般香醇，属于抗老化油脂之一。黑芝麻为胡麻科芝麻的黑色种子，含有大量的脂肪和蛋白质，最常见做成黑芝麻油，一般人均可食用。深色的黑芝麻油不适用于烹饪，因为容易烧焦；浅色的黑芝麻油常用来煎炒或调味。

黑芝麻油的ID卡

油的颜色	透明深咖啡色亮
口　感	强烈
气　味	明显的芝麻香气
特　性	半干性
成　分	单元不饱和脂肪酸、多元不饱和脂肪酸、饱和脂肪酸、芝麻素、维生素及各类矿物质
料理烹调法	煮、凉拌、水炒
美肤的应用	具有抗氧化功能，但最好使用冷压初榨的黑芝麻油，可使用在干燥的头发或干燥的皮肤

❀ 黑芝麻油的营养价值

1　黑芝麻油含有多种人体必需氨基酸，在维生素E和维生素B_1的作用参与下，能加速人体的代谢功能。

2　黑芝麻油含有的铁和维生素E是预防贫血、活化脑细胞、消除血管胆固醇的重要成分。

3　黑芝麻油含有的脂肪大多为不饱和脂肪酸，有延年益寿的作用，还可用于养发，有防止脱发的功效。

4　黑芝麻油含有大量的蛋白质、维生素、矿物质和微量元素、芝麻木脂素、芝麻黑色素等营养物质，可以做成各种美味的食品。

5　黑芝麻油在中医上有补中益气、润肠通便的功效。此外，黑芝麻油还含有亚油酸、钙质、维生素E及芝麻酚，对产后泌乳、肌肤弹性维持也有一定的效果。

6　黑芝麻油对预防或缓解高血压有益，多作为糕点辅料。长期食用黑芝麻油，还有润肤养颜、乌发、生发的功效。

黑、白芝麻油功效比较	黑芝麻油	白芝麻油
润肠通便、滋阴润肤		＋＋
抗衰老和延年益寿	＋＋	＋
养血补肝肾、乌发养发	＋＋	
增乳作用	＋＋	
治疗慢性神经炎、末梢神经麻痹	＋＋	
保护嗓子，治疗鼻炎		＋＋
减轻烟酒毒害		＋＋
抗炎作用	＋＋	
促肾上腺作用	＋＋	
降低血糖作用	＋＋	

备注：＋代表油品该功效的程度

❀ 黑芝麻油，你了解多少

1 将青菜焯水后滴入黑芝麻油等调拌，清爽又美味。

2 将黑芝麻油滴入汤粥、鸡蛋羹中，健康又美味。

3 黑芝麻油含有丰富的天然养分，开盖后尽量置于冰箱保鲜层存放。

4 黑芝麻油遇热稳定，含有芝麻素、芝麻酚等不皂化物质，受热后成分稳定，更适合热烹饪。

5 黑芝麻油多采用避光玻璃瓶装。光照是油品的天敌，避光玻璃瓶能很好地保护黑芝麻油中的营养精华。

6 家庭榨油很方便，像花生、芝麻、葵花籽、菜籽出油率都很好，榨油过程也是相当快速。而黑芝麻油采用冷榨直接压榨法，油品很清澈，味道自然清香，可以用在制作西点上，特别是做面包的时候代替黄油，味道不会很冲突，跟葡萄籽油的效果很像。（榨油完成后，最好用两层茶包袋把油品过滤一下，油会非常纯净）

7 家庭榨油剩下的黑芝麻渣是脱过脂的，可以用作打米糊或黑芝麻糊的原料，也可以煮粥，加在面团里烤面包或蛋糕都是非常棒的，没有一点原材料的浪费。

"油"来一道道

麻油鸡

材　　料： 鸡腿肉1只，老姜80克

调　　料： 花生油1大匙，米酒750毫升，黑芝麻油60毫升

烹饪方法： 焖、煮

烹饪时间： 43分钟

做法

1. 备好的老姜切成片，待用。

2. 洗净的鸡腿切成块，待用

3. 热锅开中火，倒入黑芝麻油烧热后，放入老姜片炒香。

4. 再放入鸡腿快速拌炒均匀后，倒入米酒搅拌均匀，煮至沸腾。

5. 转小火，倒入花生油搅拌混合均匀。盖上锅盖，焖煮约40分钟至熟。

6. 关火，将煮好的食材盛至备好的碗中即可。

Tips:

新鲜的鸡腿皮呈淡白色，肌肉结实而有弹性，干燥无异味，轻按鸡肉后很快复原。

坚果塔香酱拌意面

材　　料： 意面100克，塔香酱（洋葱1/8个，新鲜九层塔叶1杯，综合坚果50克）

调　　料： 黑芝麻油10毫升，生抽5毫升，米酒5毫升

烹饪方法： 凉拌

烹饪时间： 10分钟

做法

1. 取一榨汁机，依序放入洗净切块的洋葱、九层塔叶与综合坚果，榨1分钟成碎末，倒入碗中。

2. 倒入适量的生抽、米酒、黑芝麻油搅拌均匀，制成塔香酱。

3. 热锅注水煮沸，放入意面，煮8分钟至熟软。

4. 将煮好的意面捞起，放入备好的盘中。

5. 将塔香酱倒在意面上，放上九层塔叶装饰即可。

Tips:

煮意大利面应待水烧开后，面呈反射状散开放入沸水中，8～15分钟即可。

（白）芝麻香油，又称为香油、芝麻油、麻油，是从芝麻中提炼出来的，具有特别香味，故称为香油。榨取方法一般分为压榨法、压滤法和水代法，小磨香油即为传统工艺水代法制作的香油。芝麻香油拥有独特的浓郁香味，与其他植物油味道截然不同，是食用油中的珍品。

（白）芝麻香油的ID卡

油的颜色	透明咖啡色
口　感	强烈
气　味	明显的芝麻香气
特　性	半干性
成　分	油酸占42%～50%，亚麻油酸占38%～44%，不饱和脂肪酸约占14%，脂肪伴随物质主要有芳香环化合物（如芝麻酚）、植物固醇、木酚素激素（包括芝麻素和芝麻林酚素）、卵磷脂及生育酚
料理烹调法	煮、凉拌、水炒
美肤的应用	可以使皮肤焕发光彩、祛除八字纹

❀（白）芝麻香油的营养价值

1 芝麻香油含有人体必需的不饱和脂肪酸和氨基酸，居各种植物油之首，还含有丰富的维生素和人体必需的铁、锌、铜等微量元素，其胆固醇含量远远低于动物脂肪，深受人们喜爱。

2 怀孕和哺乳期的女性多吃芝麻香油可以加快祛除恶血，补充所流失的维生素E、铁、钙等身体必需的营养，提高抵抗力。尤其在孕期和哺乳期，女性多吃香油，能够帮助女性更好保护身体健康，促进新陈代谢。

3 芝麻香油不含有对人体有害的成分，而含有特别丰富的维生素E和比较丰富的亚油酸，亚油酸具有降低血脂、软化血管、降低血压、促进微循环的作用。补充维生素E，使女子雌性激素浓度增高，提高生育能力，预防流产。

4 常吃芝麻香油有防治动脉硬化和抗衰老的作用，若用以烹炸食品或调制凉拌菜肴，还可以去腥膻而生奇香；若配制中药，则有清热解毒、凉血止痛的功效。

❀ 芝麻香油，你了解多少

1. 芝麻香油根据香味特点可以分为两类：一是香油，具有浓郁或显著的芝麻油香味。芝麻中的特有成分经过高温炒料工艺处理后，产生具有特殊香味的物质，致使芝麻香油具有独特的香味，有别于其他各种食用植物油，故称香油。香油按加工工艺分为小磨香油和机制香油两种。二是普通芝麻油，香味清淡，用一般的压榨法、浸出法或其他方法加工制取。

2. 由于芝麻香油中含有一定数量的维生素E和芝麻香油特有的芝麻酚、芝麻酚林等物质，这些物质的抗氧化能力极强，因此芝麻香油比其他植物油更易储存。

3. 习惯性便秘患者早晚空腹喝一口香油，能够润肠通便，适宜患有血管硬化、高血压、冠心病、高脂血症、糖尿病等病症者食用，还适宜从事繁重体力劳动者以及有抽烟习惯和嗜酒的人食用。但患有菌痢、急性胃肠炎、腹泻等病症者忌多食香油。

❀ 教你鉴别（白）芝麻香油

Rule 1 查 看商标

认真查看商标，注意保质期和出厂期，无厂名、厂址、质量标准代号的，要特别警惕。特别要注意其原料或配料。

Rule 2 嗅 闻法

小磨香油香味醇厚、浓郁独特，如掺进了花生油、豆油、精炼油、菜籽油等则不但香味差，而且会有花生、豆腥等其他气味。部分香油是由食用香精勾兑而成，嗅感比较差。

Rule 3 分 层现象

芝麻香油对温度相当敏感，所以在温度较低时有可能分层。若在常温下有分层，0℃下黏度无明显增加、不凝，则很可能是掺假的混杂油。若在什么温度下都无分层，说明芝麻香油中加入了防冻添加剂。

Rule 4 水 试法

用筷子蘸一滴香油滴到平静的凉水面上，纯香油会呈现出无色透明的薄薄的大油花；掺假香油的油花小而厚，且不易扩散。经验证此法在区分纯香油与调和香油时，水温有决定性作用：凉水两者都不散，无法区分；温水两者都散开，但油花形状与大小不一致。

Rule 5 辨 色法

纯香油呈红色或橙红色，机榨香油比小磨香油颜色淡，香油中渗入菜籽油则颜色深黄，掺入棉籽油则颜色深红。

"油"来一道道

油醋腌白菜沙拉

材　　料：白菜70克，红萝卜70克，西洋芹90克，姜片2片，红辣椒10克，苹果1/4个，花椒粒20颗

调　　料：芝麻香油20毫升，盐1大匙，白醋5毫升

烹饪方法：拌

烹饪时间：5分钟

做法

1. 白菜、红萝卜切丝，放入密封盒内，再撒入盐，搅拌均匀后密封，静置约3小时变软。

2. 姜切末；红辣椒、苹果切丝；西洋芹切段。

3. 将白菜、红萝卜丝倒入筛网中，拧干水分。

4. 倒入盛有其他食材的碗中，倒入白醋、花椒粒，搅拌均匀，浸渍2分钟。

5. 热锅注入芝麻香油烧热，烧至七成热，将热油浇至食材中，搅拌好的食材装盘即可。

Tips：

白菜未腌透时或煮熟后放置时间较长，特别是隔夜的熟白菜，不能食用。

古早味卤肉饭

材　　料：洋葱120克，香菜适量，猪五花肉500克，油葱酥3克，白饭1碗

调　　料：米酒50毫升，生抽100毫升，白糖25克，芝麻香油两大匙

烹饪方法：焖煮

烹饪时间：48分钟

做法

1. 洋葱切块；香菜切末。猪五花肉纵切约1厘米大小的丝（若可以再细一点口感更好）。

2. 热锅，开小火，放入猪五花肉丝煸炒，再转中火，翻炒至呈淡金黄色。

3. 放入洋葱丁、米酒与油葱酥炒5分钟。倒入生抽、白糖、芝麻香油与适量清水，转大火，煮至沸腾后转小火，盖锅盖焖炖40分钟。

4. 关火，将煮好的菜肴盛至白饭上，撒上香菜末即可。

Tips：

五花肉的油脂非常多，因此不需要用其他的油来翻炒。

调和油
Blend Oil

调和油，又称为高合油，它是根据使用需要，将两种以上经精炼的油脂（香味油除外）按比例调配制成的食用油。调和油一般选用精炼大豆油、菜籽油、花生油、葵花籽油、棉籽油等为主要原料，还可以配有精炼过的米糠油、玉米胚芽油、小麦胚芽油、红花籽油等特种油脂。

调和油的ID卡

油的颜色	金黄色
口　感	油腻
气　味	较能闻出油脂味道
特　性	不同调和油不同
成　分	不饱和脂肪酸含量相对较高，但具体每种调和油根据其调制的油品比例而定
料理烹调法	煎、煮、炸、炖和糕点
美肤的应用	部分调和油具有滋润的作用

❀ 调和油的营养价值

1 调和油有很多种类型，但多半都是4：1的健康调和油。所谓的4：1是指其中含有4份亚油酸、1份亚麻酸的天然植物食用油。这种食用油不仅可以从数量上保证人体每天对两种必需脂肪酸的需求，还可以从质量上达到均衡营养的目的。

2 食用调和油具有调整血脂、预防心脑血管疾病、滋润肌肤、防止色素斑出现、消除疲劳、改善体质、延缓衰老的作用。

3 调和油含有丰富的α–亚麻酸，在人体肝脏酶的作用下，生成二十碳五烯酸（简称EPA）和二十二碳六烯酸（简称DHA）。长期食用对"三高"（高血脂、高血压、高血糖）症状的人、心脑血管病患者、脂肪肝、肥胖症均有较好的效果。

4 调和油含有的α–亚麻酸在人体生成的二十二碳六烯酸（简称DHA）是人体大脑和视网膜的主要成分，对提高智商和增强视力有着很好的效果。它不仅适合于过度用脑的白领阶层、企业高管，而且对婴幼儿大脑的生长发育至关重要，还对预防老年性痴呆有很好的帮助。

❀ 会吃还要会保存

1. 食用调和油日常储存，不适合用透明塑料瓶装，应该采用避光深色玻璃瓶，防止接触阳光而氧化变质。

2. 尽量避开炉灶摆放，因为厨房炉灶高温，油脂长时间受热后，分解出的亚油酸易与空气中的氧气发生化学反应，产生醛、酮其他有害物质，食用这种油会出现恶心、呕吐、腹泻等症状。

3. 除选用有色小口玻璃瓶储存外，其余的容器储存期以半年为宜，最长也不应超过一年。

4. 若食用调和油较多，可以选择用花椒、茴香、桂皮、丁香、维生素C等抗氧化剂少许加入油中。

❀ 教你鉴别调和油

Rule 1 看 成分

油酸、亚油酸、亚麻酸三种重要的营养成分不可缺少，油酸主要提供热量，亚油酸促进生长发育、治疗创伤，亚麻酸可以清洗血管、补充大脑、使眼睛明亮。

Rule 2 看 比例

评价调和油质量优劣主要是看脂肪酸的含量，饱和脂肪酸、多不饱和脂肪酸、单不饱和脂肪酸比例至少要1:1:1，但最好是单不饱和脂肪酸略高一点，对健康更有利。同样是调和油，其不饱和脂肪酸的种类和含量会有很大差别，所以购买时要注意产品成分（饱和、单不饱和、多不饱和脂肪酸含量）

Rule 3 闻 油品气味

调和油通过选择不同种类植物油，合理配比脂肪酸的种类和含量。一般来说，种类不同，食用油色泽和味道也有差异。大豆油、花生油色泽较玉米油、橄榄油深，花生油滋味浓郁，玉米油金黄透明、口味清淡。

Rule 4 比 价格

市面上调和油的种类繁多，但到底调和油里各种油品的比例是多少？橄榄油、花生油、玉米胚芽油、葵花籽油、山茶油在营养界都是被公认的营养价值高的油种，但很多标明以上述油种为品名的调和油实则含量较少，比如橄榄调和油，那么橄榄油含量的比例一般比较少，大多是以转基因大豆油或棕榈油为主。其实，只要我们细心观察一下纯食用油的价格，与调和油一比较，该调和油的所谓主要成分含量究竟有多少也就清楚了。

蒜味三菇

材　料： 杏鲍菇80克，香菇50克，平菇60克，蒜头10克，红辣椒25克，香菜2克

调　料： 调和油10毫升，盐3克，黑胡椒粉1克

烹饪方法： 炒

烹饪时间： 3分钟

做法

1. 香菇去蒂切块、杏鲍菇切片，装碗待用。

2. 洗净的平菇撕成小朵，装碗待用。

3. 红辣椒去籽切丁，蒜头切末，装碗待用。

4. 热锅，依次放入杏鲍菇、香菇、平菇。

5. 炒至微微出水，再加入蒜末、辣椒末炒香。

6. 炒香收干后，加入调和油、盐、黑胡椒粉。

7. 食材搅拌均匀后，捞起装盘，放入香菜装饰即可。

Tips:
菇类都有一定的土腥味，加入调料或和肉一起烹调，可以去掉土腥味。

葱香萝卜丝饼

材　料： 白萝卜200克，面粉10克，葱适量

调　料： 调和油20毫升，盐适量，黑胡椒粉适量

烹饪方法： 煎

烹饪时间： 5分钟

做法

1. 白萝卜洗净，去皮刨丝，洗净的葱切葱花。

2. 将萝卜丝放入碗中，放入适量的盐，搅拌均匀，腌渍10分钟。

3. 将腌渍好的萝卜丝挤出萝卜汁液。

4. 放入面粉、葱花、黑胡椒粉，搅拌均匀。

5. 再注入适量清水，搅拌均匀至面粉呈黏稠状。

6. 热锅注入调和油，舀一小勺面糊慢慢煎制。

7. 小火煎2分钟翻面，再煎2分钟至两面金黄色，关火，将煎好的面饼盛至盘中即可。

Tips:
选择整体均匀、表面光滑、头部的圈越小的白萝卜越好。

油菜籽油
Rapeseed Oil

油菜籽油就是我们常说的菜籽油、菜油、香菜油，是用油菜籽榨出来的一种透明或半透明状的食用油。油菜籽油有一定的刺激气味，民间叫作"青气味"。这种气体是其中含有一定量的芥子甙所致的，但特优品种的油菜籽则不含有这种物质，比如高油酸菜籽油、双低菜籽油等。

油菜籽油的ID卡

油的颜色	深黄色、棕色
口 感	清淡温和
气 味	独特的坚果香气
特 性	中性不干
成 分	油酸约占60%，亚麻油酸约占19%，α-次亚麻油酸约占9%，饱和脂肪酸约占13%，脂肪伴随物质高达1.5%，其中有胡萝卜素、维生素E、维生素K、维生素A前驱物质
料理烹调法	口服、饮品、凉拌、炒
美肤的应用	可用作按摩用油和皮肤保养油

❂ 油菜籽油的营养价值

1 油菜籽油是由十字花科植物芸苔（即油菜）的种子榨取所得的食用油，由于原料是植物的种子，一般会含有一定的种子磷脂，对血管、神经、大脑的发育十分重要。

2 油菜籽油的胆固醇含量很少，或者几乎不含有胆固醇，故需要控制胆固醇摄入量的人可以放心食用。

3 油菜籽油含有较多的芥酸，因此有冠心病、高血压的患者应该注意少摄入。

4 油菜籽油含有大量芥酸和芥子甙等物质，一般认为这些物质对人体的生长发育不利，因此如果能在食用时与富含亚油酸的优良食用油配合食用，其营养价值将得到提高。

5 油菜籽油可以润燥杀虫、散火丹、消肿毒，临床用于蛔虫性及食物性肠梗阻，效果较好。

6 油菜籽油含有的亚油酸等不饱和脂肪酸和维生素E等营养成分能够很好地被机体吸收，具有一定的软化血管、延缓衰老的功效。

❀ 会吃还要会保存

1. 低温保存。在高温下，油菜籽油的化学反应和酶促反应及生物代谢明显加剧，氧化反应也加快，容易导致酸败，因此油菜籽油的存放应该远离炉灶和太阳照射。

2. 缺氧保存。氧气越浓，接触面越大，接触时间越长，就越会加速油脂氧化，引起酸败，因此每次用油过后要及时盖紧油桶盖。

3. 避光保存。在光照的条件下，会激活油中的氧和光敏物质，加速氧化酸败；在紫外光的作用下，还会形成臭氧化合物，生成不良气味和滋味。因此，油菜籽油不宜装在白色透明的玻璃瓶内。

4. 长期使用某一装油容器应该定期清洗，滤干水分再使用，因为水分的混入也会加速水解和氧化酸败。

5. 尽管采用以上措施保存油品，但放置时间太久的油还是不要食用。

❀ 教你辨别好坏油菜籽油

	良质油菜籽油	次质油菜籽油	劣质油菜籽油
色泽鉴别	呈黄色至棕色	呈棕红色至棕褐色	呈褐色
透明度鉴别	清澈透明	微微浑浊，有微量悬浮物	液体极浑浊
杂质和沉淀物鉴别	无沉淀物或有微量沉淀物，杂质含量不超过0.2%，加热至280℃油色不变，且无沉淀物析出	有沉淀物及悬浮物，其杂质含量超过0.2%，加热至280℃油色变深且有沉淀物析出	有大量悬浮物及沉淀物，加热至280℃时，油色变黑，并有多量沉淀物析出
气味鉴别	具有油菜籽油固有的气味	油菜籽油固有的气味平淡或微有异味	有霉味、焦味、干草味或哈喇味等不良气味
水分含量鉴别	水分含量不超过0.2%	水分含量超过0.2%	水分含量超过0.2%
滋味鉴别	具有油菜籽油特有的辛辣滋味，无异味	油菜籽油固有的滋味平淡或略有异味	有苦味、焦味、酸味等不良的滋味

Tips:
干贝以短圆柱状、体侧有柱筋、个头均匀、肉质带有纹理的为佳。

海鲜四季饭

材　　料：四季豆100克，虾仁50克，干贝30克，大米2杯

调　　料：生抽8毫升，料酒8毫升，盐3克，油菜籽油10毫升

烹饪方法：煮

烹饪时间：35分钟

做法

1. 四季豆择洗干净，切小粒。油菜籽油烧六成热，放入四季豆粒过油断生后，捞起待用。

2. 虾仁冲洗干净，加入料酒、生抽腌渍片刻。

3. 大米淘洗干净，放入电饭煲中加入适量水，将腌渍好的虾仁倒去酱汁后放入米饭中。

4. 放入洗净的干贝、四季豆粒、油菜籽油。

5. 盖上锅盖，设置"煮饭"功能，煮好后，加入适量盐搅拌均匀，装碗即可。

Tips:
新鲜的猪肉有种肉鲜的正常气味，不新鲜的猪肉有氨味或酸味。

热炒什锦

材　　料：西洋芹60克，红椒20克，蒜头2瓣，金针菇30克，平菇30克，杏鲍菇160克，猪肉丝50克

调　　料：油菜籽油15毫升，酱油10毫升，醋5毫升，白胡椒粉1克

烹饪方法：炒

烹饪时间：10分钟

做法

1. 平菇手撕对半，杏鲍菇切丝，金针菇对半切开，西洋芹切段，红椒去籽切丝，蒜头去皮切片。

2. 热锅注油，放入蒜片和猪肉丝爆香。

3. 放入西洋芹段炒香，平菇、杏鲍菇炒入味。

4. 放入全部菇类继续拌炒，再放红椒丝拌炒。

5. 加入酱油、醋、白胡椒粉炒匀，关火，装盘即可。

葵花籽，又叫葵瓜子，是向日葵的果实。葵花籽油是从葵花籽中提取的油类，世界范围内的消费量在所有植物油中排在棕榈油、豆油和菜籽油之后，居第四位。葵花籽油是欧洲国家重要的食用油品种之一，国际上很多国家和地区，如中国台湾、香港及日本、韩国的葵花籽油消费比例高达70%。

葵花籽油的ID卡

油的颜色	淡黄色
口 感	温和
气 味	淡淡的向日葵香气
特 性	微干涩至半干涩
成 分	亚麻油酸约占77%，油酸占24%～40%，不饱和脂肪酸约占12%，脂肪伴随物质占0.5%～1.5%，其中又以维生素E的含量以及类胡萝卜素、卵磷脂及植物固醇最高
料理烹调法	若是高油酸，可煮、炸、水炒、凉拌；若是一般葵花籽油，则不能加热
美肤的应用	可以涂抹皮肤，改善皮肤干燥粉刺、青春痘肤质

❀ 葵花籽油的营养价值

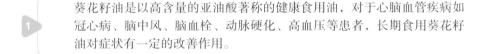

1. 葵花籽油是以高含量的亚油酸著称的健康食用油，对于心脑血管疾病如冠心病、脑中风、脑血栓、动脉硬化、高血压等患者，长期食用葵花籽油对症状有一定的改善作用。

2. 葵花籽油含有甾醇、维生素、亚油酸等多种有益物质，其中天然维生素E含量在所有主要植物油中含量最高，亚油酸含量可达70%，能够降低血清中胆固醇水平、甘油三酯水平，具有降低血压的作用。

3. 葵花籽油烟点较高，油品清淡透明，烹饪时可以保留天然食品风味，可以免除油烟对人体的危害。

4. 葵花籽油中含有较多的维生素E，具有良好的延迟人体细胞衰老、保持青春的功能。经常食用，可以起到强身壮体、延年益寿的作用。

5. 葵花籽油含有丰富的胡萝卜素，含量比花生油、豆油和麻油都要多，因此能够降低血清胆固醇的浓度，防止动脉硬化和血管疾病的发生，非常适合高血压患者和中老年人食用。

6 葵花籽油中含有较多的维生素B$_3$，对治疗神经衰弱和抑郁症等精神病疗效明显。

7 葵花籽油含有一定的蛋白质、钾、磷、铁、镁等无机物，对糖尿病、缺铁性贫血病的治疗都有效，对促进青少年骨骼和牙齿的健康成长具有重要意义。

❀ 会吃还要会保存

1. 葵花籽油存放时一定要放在阴凉干燥处，避免光线直接照射。避光最简单的方法就是用不透光的厚纸板做一个油瓶罩，罩扣在油瓶上。

2. 葵花籽油的存放应该尽可能远离火炉、暖气等高温热源，因为高温和光照会增加食用油氧吸收率，使其氧化酸败。

3. 葵花籽油这种含不饱和脂肪酸较多的食用油不仅要避光，同时对已经开封的油品，每次用完后要把瓶盖拧紧，最好存放在冰箱中。

4. 塑料容器通常都具有一定透气性，不利于葵花籽油的密封储存，所以尽量使用玻璃瓶承装储存。

❀ 教你鉴别好坏葵花籽油

Rule 1 看 透明度

一般高品位油透明度好，无浑浊。

Rule 2 看 沉淀物

高品位油无沉淀物和悬浮物，黏度小。

Rule 3 看 分层

看有无分层现象，若有分层则很有可能是掺假的混杂油。

Rule 4 闻 油品气味

葵花籽油有淡淡的坚果味，没有酸臭异味。

Rule 5 看 色泽

一般高品位油颜色浅，低品位油颜色深（香油除外），油的色泽深浅也因其品种不同而使得同品位油色略有差异。

Rule 6 看 商标

对于小包装油要认真查看其商标，特别是注意保质期和出厂期。无厂名、无厂址、无质量标准代号的，千万要特别注意，不要购买。

"油"来一道道

古早味花生卤

材　　料： 花生150克，洋葱150克，蒜头4瓣，八角3个

调　　料： 葵花籽油10毫升，酱油50毫升，砂糖5克，米酒20毫升，水300毫升

烹饪方法： 炒、焖

烹饪时间： 130分钟

做法

1. 花生泡水（水必须没过花生），放入冰箱冷藏一个晚上后取出。

2. 洗净的洋葱切块，去皮的蒜头切片。

3. 取一锅，倒入葵花籽油烧热后，放入洋葱、蒜头炒香。

4. 放入花生拌炒均匀，倒入酱油、砂糖、米酒拌炒均匀后注入清水，再放入八角。

5. 煮至沸腾后，转小火，盖上锅盖焖煮2小时后捞出。

Tips：

好的花生应该是颗粒饱满、红衣皮光亮、没有外伤或虫蛀的。

越式牛肉汤

材　　料： 牛肉140克，牛骨250克，蒜头5瓣，姜8片，红葱头3瓣，新鲜罗勒2克，薄荷叶2克，豆芽菜100克，红辣椒5克，八角2个，桂皮5克，综合胡椒粒1克

调　　料： 葵花籽油10毫升，鱼露10毫升，柠檬汁10毫升，白醋10毫升

烹饪方法： 煮

烹饪时间： 130分钟

做法

1. 取铁锅，倒入葵花籽油烧热，放入姜片、蒜头、红葱头、八角、综合胡椒粒、桂皮，爆香。

2. 放入牛骨、白醋、清水和红辣椒熬煮2小时。

3. 另起一锅烧开水，放入豆芽菜焯水至断生后捞起。切片牛肉焯水3分钟至断生后捞起。

4. 牛肉放在豆芽菜上，倒入鱼露、柠檬汁和牛骨汤，放入罗勒叶和薄荷叶即可。

Tips：

新鲜牛肉有光泽，红色均匀，脂肪洁白或淡黄色，弹性好，有鲜肉味。

亚麻籽油
Linseed Oil

亚麻籽油是由亚麻籽制取而成的，亚麻籽是亚麻的籽实，又称为胡麻。亚麻籽油在山西、甘肃、新疆、内蒙古等地又被称为胡麻油。亚麻籽油的一大特色就是低温加工，保证营养成分得到最大的保留，这也是区别于市场常见食用油的一大特色，对孕妇和婴幼儿特别有益，也俗称"月子油"和"聪明油"。

亚麻籽油的ID卡

油的颜色	黄色
口 感	强烈
气 味	浓郁的草本味道
特 性	十分干涩
成 分	α-次亚麻油酸约占58%，油酸约占17%，亚麻油酸约占15%，饱和脂肪酸约占10%，脂肪伴随物质约占2%，以黏性物质和维生素E为主
料理烹调法	凉拌、口服
美肤的应用	可用于毛发与肌肤，改善发炎、湿疹、干燥的肤质

✵ 亚麻籽油的营养价值

1 亚麻籽油能改善皮肤脂肪含量，使肌肤更润滑、滋润、柔软有弹性，同时令皮肤呼吸及排汗正常，减轻种种皮肤问题。

2 很多女性有经前综合征，如痛经等，每天吃一点新鲜的亚麻籽油能够很好缓解症状，配合维生素及矿物质的效果更好。

3 亚麻籽油中的Omega-3脂肪酸可以减少身体受到压力时所产生的有害生化学物质的影响，稳定情绪、保持平静心态，减少忧郁症及失眠症。

4 Omega-3脂肪酸还能有助于减轻过敏反应，对治疗及防治关节炎有很大的作用，对预防器官组织发炎也有很大帮助，其中包括脑膜炎、扁桃腺炎、胃炎、动脉炎等。

5 食用亚麻籽油可降低高血压，减少血脂含量，同时提高不饱和脂肪酸的水平，改善血液浓度，减低血液的黏性，保持血液的流动性，预防血管阻塞及有关疾病。此外，也能阻止血液凝结，预防中风、心脏病、肺脉栓塞及血管表面病症。亚麻籽油中富含的亚麻酸还可以通过合成使尿酸减少，不易沉淀在关节部位，不发症而起到预防痛风、减少痛风发作频率和程度的作用。

> 6 冷榨亚麻籽油内富含Omega-3脂肪酸，对人体极其重要，是人体自身无法合成的必需不饱和脂肪酸。Omega-3脂肪酸是构成人体细胞的核心物质，孕妇通过胎盘，产妇则通过乳汁将摄入的Omega-3和代谢物DHA、EPA传送给胎儿或婴儿，对宝宝的脑神经细胞和视神经细胞良好发育有重要意义。

❋ 会吃还要会保存

1. **低温保存**：开瓶后将亚麻籽油储存在冰箱中。

2. **容易氧化**：开瓶之后，尽可能短的时间将油用完，并注意每次用完之后将瓶盖盖好。

3. **避光保存**：避免置于温度过高或阳光直射的地方。

4. **不需加热**：食用亚麻籽油时可以不进行加热，如若加热也不适宜加热过久，以免破坏其营养成分。

5. **产生沉淀**：高品质的亚麻籽油会含有少量的沉淀物，这属于正常现象，不属于变质。

❋ 教你区别亚麻籽油和紫苏籽油

1. 对于促进胎儿和婴幼儿的智力和视力发育，主要是 α-亚麻酸代谢成DHA的作用，因为紫苏籽油中的 α-亚麻酸的含量比亚麻籽油高，所以紫苏籽油要比亚麻籽油更好。

2. 若是买给婴幼儿口服吃，建议可以买一瓶紫苏籽油试试，如果宝宝不接受，可以换亚麻籽油。因为幼儿味觉正在发育，所以，越早给宝宝食用，宝宝越容易接受这种油品的味道。

3. 味道的区别：亚麻籽油的味道略苦，但大部分人都可以接受，紫苏籽油的味道有人认为是很浓的紫苏籽的清香味道，有人认为紫苏籽油的味道有些腥味，如果不做直接口服，用哪一个都可以。

4. 亚麻籽油和紫苏籽油的功效在绝大部分是一样的，但亚麻籽油具有很好的抗炎、抗过敏功效，紫苏籽油具有良好的保肝护肝功效。

5. 一般的亚麻籽油放置在温度低于零度以下6小时后，会出现棉絮状悬浮物，这就是"蜡"。亚麻籽油中的"蜡"对人体有极大危害，因此如果冷冻后未曾出现棉絮状悬浮物，则属于脱过蜡后的亚麻籽油，这才是真正天然、纯正无污染的健康油。

香草渍番茄

材　　料：圣女果200克，新鲜罗勒2克，香叶1片，大蒜3瓣

调　　料：盐3克，白醋200毫升，胡椒粒1克，迷迭香适量，亚麻籽油100毫升

烹饪方法：腌渍

烹饪时间：3天

做法

1. 洗净的圣女果对半切开，去皮大蒜切小块，待用。

2. 热锅，倒入白醋，放入圣女果，煮3分钟。

3. 煮好后，捞起盛至碗中，沥干水分，待用。

4. 取空瓶，放入煮好的圣女果、盐、蒜块、胡椒粒、香叶、迷迭香、新鲜罗勒。

5. 再倒入亚麻籽油，搅拌均匀。

6. 盖上盖子，静置3天即可。

Tips：

催熟的小番茄多是带绿头或发黄，手感很硬，体型长，籽呈绿色或未长籽。

双色田园

材　　料：黄瓜150克，胡萝卜100克，青椒40克，大蒜2瓣

调　　料：盐1克，亚麻籽油10毫升

烹饪方法：炒

烹饪时间：8分钟

做法

1. 洗净食材，胡萝卜、黄瓜切成菱形片，青椒切成菱形状。

2. 去皮的大蒜剁成蒜末，待用。

3. 热锅注入亚麻籽油烧热，放入蒜末，爆炒。

4. 放入切好的胡萝卜，翻炒均匀。

5. 放入切好的黄瓜，快速翻炒均匀。

6. 放入青椒、适量盐，炒至入味。

7. 关火，将炒好的食材盛至备好的盘中即可。

Tips：

黄瓜以颜色鲜绿、顶花带刺、瓜形端正、清香微甜为佳。

玉米胚芽油是由玉米胚加工制得的植物油脂，主要由不饱和脂肪酸组成。在欧美国家，玉米油被作为一种高级食用油而广泛食用，享有"健康油""放心油""长寿油"等美称。玉米胚芽油富含人体必需的维生素E和不饱和脂肪酸，如亚油酸和油酸，对心脑血管有保护作用。

玉米胚芽油的ID卡

油的颜色	金黄色
口　　感	独特、微弱
气　　味	淡淡的坚果味
特　　性	半干涩至略为干涩
成　　分	亚麻油酸占35%～60%，油酸约占30%，不饱和脂肪酸约占15%，脂肪伴随物质占1%～3%，其中又以生育酚、植物固醇及蜡质为主
料理烹调法	煮、炒、凉拌、煎炸
美肤的应用	可改善和维护皮肤的弹性，抗衰老

❀ 玉米胚芽油的营养价值

1 玉米胚芽油是以玉米胚芽为原料，经过脱酸、脱胶、脱臭、脱色、脱蜡等工艺后制成的油。由于亚油酸含量高的重要作用，长期食用对高血压、肥胖症、高血脂、糖尿病、冠心病等患者有益。

2 玉米胚芽油中的不饱和脂肪酸含量高达80%～85%，且其本身不含有胆固醇，对于血液中胆固醇的积累具有溶解作用，故能减少对血管产生硬化影响，对老年性疾病如动脉硬化、糖尿病等具有积极的防治作用。

3 玉米胚芽油中的亚油酸是人体必需脂肪酸，是构成人体细胞的组成部分，在人体内可与胆固醇相结合，有防治动脉粥样硬化等心血管疾病的功效。玉米胚芽油中的谷固醇还具有降低胆固醇的功效。

4 玉米胚芽油中有很多不饱和脂肪酸，具有防止动脉粥样硬化、冠状动脉硬化和血栓形成的作用，并对多种老年性疾病及糖尿病有防治作用。

5 玉米胚芽油是一种具有极高营养价值的谷物油脂，有良好的煎炸性和抗氧化稳定性。玉米胚芽油的亚油酸含量高，且容易被人体消化吸收，还含有丰富的多种维生素，因此国外称它为"营养健康油"。

❀ 玉米胚芽油的"ADE"

维生素是维持人体正常功能不可缺少的营养素，是一类与机体代谢有密切关系的低分子有机化合物，也是物质代谢中起重要调节作用的很多酶的组成成分。玉米胚芽油含有丰富的维生素A、维生素D和维生素E，且容易被消化吸收，因此具有更高的营养价值。

1. 维生素A：具有维护皮肤细胞功能的作用，可以使皮肤柔软细嫩，有防皱去皱的功效。缺乏维生素A，可以使上皮细胞的功能减退，导致皮肤弹性下降、干燥、粗糙、失去光泽。

2. 维生素D：能够促进皮肤的新陈代谢，增强对湿疹、疮疖的抵抗力，并有促进骨骼生长和牙齿发育的作用。服用维生素D可以抑制皮肤红斑形成，治疗牛皮癣、斑秃、皮肤结核等。体内维生素D缺乏时，皮肤很容易溃烂。

3. 维生素E：具有抗氧化作用，因为人体皮脂的氧化作用是皮肤衰老的主要原因之一，而维生素E能够保护皮脂和细胞膜蛋白质及皮肤中的水分，促进人体细胞的再生与活力，推迟细胞的老化过程。此外，维生素E还能促进人体对维生素A的利用，促进皮肤内的血液循环，使皮肤得到充分的营养和水分，以维持皮肤的柔嫩与光泽；还能抑制色素斑、老年斑的形成，减少面部皱纹及洁白皮肤，防治痤疮。

❀ 你真的会吃玉米胚芽油吗

玉米胚芽油含有约84%的不饱和脂肪酸和丰富的维生素E，能够降低胆固醇，预防心血管病变，构筑细胞膜，维持皮肤及器官的生机，营养价值很高，是一种健康的食用油。但是在食用玉米胚芽油时也有以下的注意事项：

1. 不加热至冒烟，因为油开始发烟也就是开始劣化。

2. 不要重复使用，一冷一热，油品容易变质。

3. 油炸次数不超过3次。

4. 不要烧焦，烧焦容易产生过氧化物，致使肝脏及皮肤病变。

5. 使用后应该拧紧盖子，避免空气接触，因为与空气接触容易产生氧化。

6. 避免放置在阳光直射或炉边过热处，容易变质，应该放置于阴凉处，并避免水分渗透，致使劣化。

7. 使用过的油千万不要再倒入原油品中，因为用过的油经过氧化后分子会聚合变大，油呈黏稠状，容易劣化变质。

番茄鸡蛋饼

材　料： 鸡蛋120克，低筋面粉50克，洋葱50
　　　　克，番茄50克，虾仁45克
调　料： 番茄酱20克，盐1克，玉米胚芽油10
　　　　毫升
烹饪方法： 煎
烹饪时间： 10分钟

做法

1. 洗净的洋葱切丝，洗净的番茄切丁。

2. 备好的碗中加入低筋面粉，敲入鸡蛋，再放番
   茄酱搅拌均匀。

3. 面糊中加入番茄丁、洋葱丝、虾仁，混合均
   匀，撒入盐，继续搅动。

4. 热锅，转小火，倒入玉米胚芽油。

5. 倒入拌好的食材，蛋液微微起蜂窝即可翻面。

6. 翻面后，感觉蛋液稍微有弹力，即可出锅。

“油”来一道道

Tips：

劣质鸡蛋蛋壳油亮，呈乌灰色或暗黑色，
有较多或较大的霉斑。

凉拌双花

材　料： 花菜100克，西兰花100克
调　料： 盐3克，鸡精1克，玉米胚芽油10毫升
烹饪方法： 拌
烹饪时间： 5分钟

做法

1. 洗净的花菜除去根部，切成小朵。

2. 洗净的西兰花除去根部，切成小朵。

3. 锅中注水烧沸，先放入花菜焯水1分钟。

4. 再放入西兰花焯水1分钟至熟。

5. 捞出焯好的食材，用凉水冲凉。

6. 添加盐和鸡精拌匀。

7. 起油锅，烧热玉米胚芽油。

8. 趁热浇在拌好的双花上即可。

Tips：

西兰花以花蕾青绿、柔软和饱满，中央隆
起的为佳。

苦茶油来自苦茶树的果实——苦茶籽。成品使用苦茶油经过脱壳日晒后，根据古法斧炒、粉碎、压榨、澄清、过滤而成的，是我国特有的木本油脂，其脂肪酸组成与世界上公认的最好的植物油脂橄榄油相似，有"东方橄榄油"的美称。小粒种苦茶籽由于果粒小、产量少、含油量低，因而备受推荐称许。

苦茶油的ID卡

油的颜色	淡淡的金黄色
口　感	味道较浓郁
气　味	浓郁的茶籽香
特　性	偏中性
成　分	不饱和脂肪酸约占93%，其中油酸约占83%，亚油酸约占10%，还含有棕榈酸、山茶苷、磷酸质、皂苷、维生素E、维生素D和各种生理活性成分如茶多酚、山茶甙、山茶皂甙等
料理烹调法	煎、煮、炒、炸、凉拌
美肤的应用	涂抹皮肤，可防止皮肤损伤和衰老，使皮肤具有光泽

❀ 苦茶油的营养价值

1 苦茶油中含有多种功能性成分，长期食用，具有明显的预防心血管硬化、降血压、降血脂和防癌抗癌的特殊功效。

2 苦茶油能够防止动脉硬化以及动脉硬化并发症、高血压、心脏病、心力衰竭、肾衰竭、脑出血等，改善血液循环系统。

3 苦茶油能够提高胃、脾、肠、肝和胆管的功能，预防胆结石，并对胃炎和胃十二指肠溃疡有疗效。此外，苦茶油还有一定的通便作用。

4 苦茶油能够提高生物体的新陈代谢功能，降低胆固醇水平，是预防和控制糖尿病的最好食用油。

5 苦茶油能够促进骨骼生长，促进矿剂的生成和钙的吸收，所以在骨骼生长期以及防止骨质疏松方面，它也能起到重要作用。

6 苦茶油含有丰富的抗氧化剂维生素E，能够防止脑衰老，并能延年益寿。

7 苦茶油含有维生素E和抗氧化成分，能够保护皮肤，尤其能防止皮肤损伤和衰老，使皮肤具有光泽。

✹ 苦茶油的神奇妙用

苦茶油外用能够消红、退肿，食用能够降肝火、治疗内伤、开胃健肠，对慢性支气管炎、喉咙沙哑等症状皆具有疗效。

1. 孕妇在孕期食用苦茶油不仅可以增加母乳，而且对胎儿的正常发育十分有益。

2. 婴幼儿及儿童食用苦茶油可利气、通便、消火、助消化，对促进骨骼等身体发育很有帮助。

3. 老年人食用苦茶油可以祛火、养颜、明目、乌发、抑制衰老、长寿健康。

4. 将苦茶油直接涂抹在皮肤上，容易被皮肤吸收，起到润肤的作用，涂完后皮肤表面不油腻，洗浴后擦身，可以防治皮肤瘙痒。苦茶油还能抗紫外光，防止晒斑。

5. 直接涂抹在头发上，起到润发的作用，可以防止断裂和脱发，去屑止痒。

✹ 教你辨别好坏苦茶油

Rule **1** 看 沉淀物

苦茶油是从菜籽压取出来的天然食品。在压取的制造过程中，多少都会产生一些杂质，但优质工厂的榨油机大多会加强过滤杂质的功能，因此装瓶之后的苦茶油几乎没有任何沉淀物。不过要注意的是，苦茶油存放久了仍可能产生天然沉淀物，这是分辨苦茶油新鲜度的一个方法。

Rule **2** 看 气泡

用手轻轻地摇晃苦茶油瓶身，苦茶油会跟空气接触，油面会逐渐浮现气泡，如果气泡细小而且持久的话，表示这瓶油的纯度较高。

如果产生的气泡很快就不见的话，表示这瓶油可能纯度就不太高，并非质纯的好油。

Rule **3** 滴 手上

挑选苦茶油时可以滴几滴在手背上均匀涂抹，如果苦茶油被皮肤完全吸收，代表这瓶苦茶油的纯度较高；相反如果皮肤一直泛着油光，有黏腻感，这代表皮肤无法完全吸收这些油脂，意味着它的饱和脂肪酸较高（不饱和脂肪酸越高越不会有油腻感），这瓶苦茶油的油脂品质不高，而且也有可能掺杂其他的油脂。

Rule **4** 看 制作过程

一般而言，冷压的植物油脂品质较佳，尤其是含有大量不饱和脂肪酸的苦茶油和橄榄油，这些油品遇到高温时，其营养结构容易被高温破坏，所以最好要选择"低温油榨处理"（南方榨油术）的苦茶油，才能保存油菜籽和茶叶籽等植物种子的天然养分。不过用冷压方式处理的食用油，颜色和香味较为清淡，天然种子的草腥味也比较重。

辣烤马铃薯

材　　料：土豆230克，红薯165克，洋葱70克，圣女果70克，蒜头2瓣，红辣椒粉适量，茴香籽适量，香菜适量

调　　料：苦茶油10毫升，盐3克，黑胡椒粉5克

烹饪方法：烘烤

烹饪时间：55分钟

做法

1. 备好电蒸锅，将切好的土豆块、红薯块放入锅中，盖上锅盖，蒸15分钟至熟。

2. 在铺有锡纸的烤盘上，刷上苦茶油，倒入蒸好的土豆块、红薯块铺平，烤约30分钟。

3. 热锅注油烧热，放入洋葱块、大蒜末，再放入红辣椒粉、茴香籽、黑胡椒粉，翻炒均匀后放入圣女果、盐，快速翻炒均匀。

4. 将炒好的食材倒在土豆块、红薯块上，再烤10分钟后取出，装盘放上香菜即可。

Tips：

劣质马铃薯小而不均匀，有损伤或虫蛀空洞，发芽或变绿，有黑色类似瘀青部分。

红薯四季豆炖猪肉

材　　料：洋葱75克，红薯250克，西红柿120克，四季豆60克，红辣椒30克，梅花肉300克，牛至叶适量，香叶2片，大蒜适量

调　　料：肉桂粉适量，苦茶油10毫升，盐3克，蜂蜜适量

烹饪方法：烘烤

烹饪时间：1小时

做法

1. 热锅注入苦茶油烧热，放入梅花肉，煸炒3分钟至肉色变白。放入洋葱块、蒜末、香叶、牛至叶、肉桂粉、红椒粒翻炒均匀后，加水煮至沸腾。

2. 放入红薯块，盖上锅盖，焖煮8分钟后，放入切段的四季豆、切块的西红柿、蜂蜜、适量的盐，翻炒均匀，煮5分钟。关火盛盘放入烤箱，烤40分钟，取出即可。

Tips：

四季豆以豆荚饱满、肥硕多汁、折断无老筋、色泽嫩绿、无虫蛀的为佳。

核桃油
Walnut Oil

核桃油是采用核桃仁为原料，压榨而成的植物油，属于可食用油。核桃的油脂含量高达65%～70%，居所有木本油料之首，有"树上油库"的美誉。核桃油选取优质的核桃作为原料，并采用国际领先的工艺制取出来的天然果油汁。核桃油新鲜纯正，营养丰富，口感清淡，且容易被消化吸收。

核桃油的ID卡

油的颜色	淡黄色至绿色
口　感	温和，风味独特
气　味	浓郁的果实香气
特　性	干涩
成　分	亚麻油酸占47%～72%，油酸约占20%，α-次亚麻油酸占3%～16%，饱和脂肪酸约占8%，脂肪伴随物质占0.2%～0.4%，其中又以维生素A、维生素B、维生素E、芳香分子为主
料理烹调法	煮、凉拌、水炒
美肤的应用	很好的护肤产品

✿ 核桃油的营养价值

1 核桃油能提供充足的热量，每100克的核桃仁便可提供约630千卡的热量，相当于米饭热量的3～4倍，因此冬天常吃些核桃还可御寒。

2 核桃油富含与皮肤亲和力极佳的角鲨烯和人体必需脂肪酸，能有效保持皮肤弹性和润泽，消除面部皱纹，防止肌肤衰老。

3 核桃油有秀美护发的作用，多吃核桃油能够促进小孩的头发变黑。

4 核桃油有健脑养脑的作用。核桃油中不含胆固醇，可以有效预防老年痴呆症的发生；丰富的亚油酸和亚麻酸能够排除血管内新陈代谢的杂质，使血液净化，为大脑提供新鲜血液。

5 核桃油能预防心脑血管疾病，防止动脉硬化及动脉硬化并发症、高血压、心脏病、心力衰竭、肾衰竭、脑出血等。

6 核桃油中的天然抗氧化剂维生素E和Omega-3脂肪酸有助于人体对矿物质的吸收，如钙、磷、锌等，可以促进骨骼生长，保持骨密度。

❀ 核桃油你会吃吗

我们对核桃都非常熟悉，是一种补脑的干果，经常食用能够补益多种身体所需要的营养元素，那核桃油又该怎么吃呢？

1. 热炒菜：可以以1：4的比例与其他食用油（如常规使用的大豆油、玉米油、花生油等）混合烹炒，不要用大火，温度控制在160度以下，即油八成热即可，这是因为核桃油有较多的不饱和脂肪酸，一般在90%以上，高温容易使营养脂肪失去其营养功效。

2. 核桃油可以用来拌凉菜以及沙拉食用，如核桃油拌白菜、黄瓜、菠萝、奇异果等蔬果，直接将核桃油倒进想要搅拌的菜肴中食用即可。

3. 加到冲饮品中饮用：如直接将核桃油直接倒入牛奶、酸奶、蜂蜜和果汁中与其一起搅拌饮用，使得饮品的营养更加丰富。

4. 作为调味品：将核桃油添加在做好的汤、面、馅料、炒菜、调料中，核桃香味独特，营养更加多元化。

❀ 教你鉴别好坏核桃油

Rule 1 闻 味道

100%纯天然的核桃油，呈淡黄色，开盖时没有任何味道，但是放置一段时间后容易有哈喇味，假的核桃油反而有核桃或者芝麻油等其他味道。

Rule 2 冻 油品

核桃油冰点较低，在零下的温度里放置12小时后仍有流动性；而假的油脂大多是添加其他油脂而成的，在此温度下放置12小时后，基本上已无流动性。

Rule 3 比 价格

在国内市场核桃的价格每500毫升从30到100元不等，有很多都是薄皮的即食核桃，真正用于榨油的核桃市价在30~40元。如果使用最天然的冷榨法，出油率还不到30%，这样核桃油中单单是核桃原料的成本就要在60元以上。因此，低于70元的基本都是混合油，就是将核桃油和其他食用油混合后，冒充核桃油出售。这样的油吃起来虽没什么异样，但完全失去了其应有的作用。

Rule 4 看 透明度

一般高品质食用油的透明度好，无浑浊，油烟少。若油中水分多，或油脂发生变质，或掺了假的油脂，油质就会浑浊，透明度低。

蘑菇鸡肉饼

材　　料： 鸡胸肉120克，蘑菇50克，鸡蛋1个，
面粉适量

调　　料： 盐少量，核桃油适量

烹饪方法： 煎

烹饪时间： 8分钟

做法

1. 洗净蘑菇去蒂后切碎，鸡胸肉剁成泥，待用。

2. 在装有鸡肉泥的碗里打入鸡蛋，搅拌均匀。

3. 热锅注油，放入蘑菇、盐，翻炒均匀后捞起。

4. 炒好的蘑菇放入盛有鸡蛋液的碗中，拌匀。

5. 加入面粉，再加入核桃油搅拌均匀。

6. 热锅，将以上混合物倒入锅中，用铲子抹平。

7. 盖上锅盖小火焖2分钟，翻面，再盖上锅盖小
火焖3分钟至两面金黄。关火，装盘即可。

Tips：

新鲜的鸡肉富有光泽，表面微干，不黏手，用手指压肉后的凹陷可立刻恢复。

什锦豆腐汤

材　　料： 嫩豆腐200克，猪血170克，木耳适
量，水发香菇3朵，葱末、榨菜末各少
许

调　　料： 盐3克，核桃油适量

烹饪方法： 煮

烹饪时间： 8分钟

做法

1. 洗净的木耳切碎，水发香菇切粒。

2. 洗净的猪血、豆腐切块，待用。

3. 热锅注水煮沸，放入香菇粒、木耳碎。

4. 放入豆腐块、猪血块，轻轻搅拌均匀。

5. 放入榨菜末、盐，注入核桃油，煮至熟透。

6. 关火，装盘后撒上葱末即可。

Tips：

优质豆腐呈均匀的乳白色或淡黄色，稍有光泽，有豆腐特有的香味。

杏仁油
Almond Oil

杏仁油是由新鲜的野生杏仁直接冷榨而成，不经过加热和化学处理，保留了天然营养成分。杏仁油微黄透明，味道清香，不仅是一种优良的食用油，还是一种高级的润滑油，可耐-20℃以下的低温。由于杏仁油营养成分丰富、医疗保健功能突出，而被公认为绿色保健食用油，素有"抗癌之油"的美誉。

杏仁油的ID卡

油的颜色	淡黄色
口　感	温和
气　味	浓郁的杏仁香气
特　性	非干性
成　分	主要是油酸和亚油酸，其中亚油酸约占27%，油酸约占68%，含有丰富的维生素E，以α-生育酚和γ-生育酚为主
料理烹调法	煎、煮、炒、炸、凉拌，非常适合甜点
美肤的应用	很好的基底油

✿ 杏仁油的营养价值

1 杏仁油含有较高的单不饱和脂肪酸，即油酸，除了供给人体所需的大量热能外，还能调整人体血浆中高、低密度脂蛋白胆固醇的浓度比例。其中的亚油酸和亚麻油酸为人体所必需，但人体不能自身合成。

2 杏仁油中的油酸、亚油酸和亚麻油酸的比例正好是人体所需的比例，同时富含丰富的维生素A、维生素D、维生素E、维生素F、维生素K和胡萝卜素等脂溶性维生素及抗氧化物等，极易被人体消化吸收。

3 杏仁是减肥、养颜两不误的食物，用它提取出来的杏仁油不仅有一股清香，相对于普通的食用油的热量更低，是一种绿色的食用油。因此，对身材要求非常苛刻的女性朋友可以用杏仁油替代普通的食用油。

4 长期食用杏仁油能降低胆固醇，防止心血管疾病的发生，对由于胆固醇浓度过高引起的动脉硬化及动脉硬化并发症、高血压、心脏病、心力衰竭、肾衰竭、脑出血等疾病均有非常明显的防治功效。

5 杏仁油营养丰富，易被吸收，不会在血管中沉积，还能改善消化系统功能，有助减少胃酸，防止发生胃炎、十二指肠溃疡等病，提高胃、脾、肠、肝的功能，并刺激胆汁分泌，预防胆结石，减少胆囊炎的发生。

杏仁油中含有丰富的钙、锰、锌、磷、硒等微量元素，其中锌、锰、硒是脑垂体的重要组成部分，可以增加大脑活力，增强记忆力，防止大脑衰老，预防早老性痴呆。

✿ 杏仁油，你了解多少

1. 杏仁油的食用方法之一：用来炒食，如杏仁油炒鸡蛋，充当食用油，增加菜肴滑嫩感，健康美味。

2. 杏仁油的食用方法之二：用来制作拌菜，在海带、蔬菜中加入杏仁油、芝麻等，能够使凉拌菜增添美味。

3. 杏仁油的食用方法之三：加入冲饮品中，如加入到牛奶、酸奶、蜂蜜和果汁等中一起食用。

4. 杏仁油的营养丰富，容易被人体吸收，加上有良好的抗氧化功能，可以减少人体自由基的产生，对肌肤的滋润效果也很好。甚至在上古时代，杏仁油就已经是保养方面的佳品。其含有丰富的钙质和β-胡萝卜素，因此非常适用在美容保养品上。

5. 杏仁油含有一种能够抗癌的活性物质——苦杏仁甙，能够有效起到防癌、抗癌的功效。杏仁油和牛奶或鸡蛋一起搭配，营养更佳，但杏仁油不宜和肉脯搭配食用。

6. 杏仁油可以反复使用不变质，它对氧化所引起的变质具有更强的抵御能力，不产生致癌物质，是最适合煎炸的油品。偏爱煎炸类食品又注重养生的人群可以较放心使用。

7. 杏仁油是比较好的腌制原料，因为它容易渗进食物里面，并将腌料的味道带进去。

8. 用杏仁油烘焙，将杏仁油涂抹在面包或者甜点上烘焙，香味是奶油所无法比拟的。

✿ 杏仁油的小妙用

1. 杏仁油对付眼角皱纹：对于恼人的细纹、鱼尾纹或者眼部细纹，可以滴几滴杏仁油加上少许芦荟胶拌匀后抹于细纹处，一旦涂上去就吸收了，马上就看不出纹路，外出的时候也可以不用洗掉，直接上妆。晚上睡觉前抹，效果更加明显。

2. 杏仁油美发功效：头发洗干净，擦干吹干后，慢慢一层一层地抹上杏仁油（一定要头发干了之后再抹油），再按摩几分钟，拿一条热毛巾（不能拧太干，太湿也不行），包好头发后，戴上浴帽，再戴上电热帽。因为电热帽是布的，如果有水怕漏电。就这样15分钟后，拔掉插头以后不要马上去掉帽子，因为里面还很热的，可以等它慢慢冷了，大概再过5分钟就可以了。

"油"来一道道

油醋百菇

材　　料： 平菇50克，杏鲍菇150克，香菇6朵，迷迭香适量，新鲜九层塔2克

调　　料： 白醋200毫升，杏仁油200毫升

烹饪方法： 腌渍

烹饪时间： 80分钟

做法

1. 洗净香菇去蒂后切块，平菇去根部后切块；杏鲍菇对半切开，切成菱形块，待用。

2. 热锅倒入白醋烧沸，放入杏鲍菇煮1分钟。

3. 再放入香菇类捞起，沥干水分，待用。

4. 取空瓶，将煮好的菇类放入瓶里，放入迷迭香、九层塔。倒入适量的杏仁油，拌匀盖上盖子。

5. 腌渍75分钟，揭开盖子，装碗即可。

Tips：

白醋具有很好的抑菌和杀菌作用，能有效预防肠道疾病、流行性感冒和呼吸疾病。

葱香饼

材　　料： 葱花20克，洋葱60克，中筋面粉150克，大蒜2瓣

调　　料： 盐3克，杏仁油15毫升

烹饪方法： 煎

烹饪时间： 40分钟

做法

1. 碗中放入面粉，注入适量清水搅拌，放案板上揉压成面团，用空碗倒扣，饧面30分钟。

2. 将洋葱丁、葱花、蒜末、盐放碗中，制成馅料。

3. 饧面后取出面团，撒入少许面粉，揉压成长条状，分为两块，用擀面杖擀成面皮。

4. 撒入馅料后，卷成长条状。将面饼卷成车轮状，撒入少许面粉，擀平。

5. 平底锅倒入杏仁油，放入葱油卷饼，转中火煎5分钟后翻面，转小火煎5分钟后取出。

Tips：

面粉一边注入适量清水，一边往同一个方向搅拌均匀。

棕榈油是由油棕树上的棕榈果压榨而成的，果肉和果仁分别产出棕榈油和棕榈仁油，传统概念上所说的棕榈油只包含前者。棕榈油是目前世界上生产量、消费量和国际贸易量最大的植物油品种，与大豆油、菜籽油并称为"世界三大植物油"，而中国已经成为全球第一大棕榈油进口国。

棕榈油的ID卡

油的颜色	金黄色
口　感	几乎没有味道
气　味	淡淡的坚果味
特　性	在室温下为固态，在温度高时为液态脂肪
成　分	棕榈油含有的饱和脂肪酸和不饱和脂肪酸的比例均衡，大约有44%的棕榈酸、5%的硬脂酸（两种均为饱和脂肪酸）、40%的油酸（不饱和脂肪酸）、10%的亚油酸和0.4%的α-亚麻酸（两种都是多不饱和脂肪酸）
料理烹调法	煎炸
美肤的应用	皮肤能快速吸收，达到深度滋润的效果

❀ 棕榈油的营养价值

1　棕榈油被广泛用于烹饪和食品制造业，当作食用油、松脆脂油和人造奶油来使用。像其他食用油一样，棕榈油易于消化吸收。

2　棕榈油的特殊性质，能够让食品避免氢化而保持平稳，并有效地抗拒氧化。它也适合炎热的气候，是糕点和面包产品的良好佐料。

3　棕榈油不需要氢化就是很好的煎炸油，它不像大豆油、玉米油等不饱和油脂，不易氧化，而且能够抵抗极性组分和环状聚合物的形成。

4　精炼的棕榈油含有丰富的生育酚和生育三烯醇，应用于食品中具有维生素E的功能活性；红棕榈油含有丰富的类胡萝卜素，可以作为具有维生素A源功能来应用。

5　棕榈油是由蒸煮和压榨的方法，从棕榈果的果肉里制取的，因此它不含大量的癸酸、月桂酸和肉豆蔻酸，饱和脂肪酸的含量较低，它与棕榈仁油和椰子油有明显的区别。

6　棕榈油在当今的饮食推荐中成为必不可少的部分，能使我们在饱和、不饱和及多不饱和脂肪酸之间达到一个均衡的比例。

以棕榈油为主要的膳食油脂时，对人体有益的高密度胆固醇是明显增加的或不变的。在血浆中的脂蛋白是冠心病的主要风险指标，食用棕榈油能够明显减低该指标。

❀ 棕榈油，你真的了解吗

1. 棕榈油是一类脂肪酸的混合物，碳链长度在16～18之间，工业上按照熔点不同分为以下几类，用途也有所不同。熔点在40度以上的用于制造肥皂化妆品，不能食用；熔点在30多度的用于制造人造奶油，代可可脂；熔点24度的可以用于煎炸食品，比如速食面等，或者作为饼干等糕点用油；熔点12度的棕榈油可作为食用植物油。

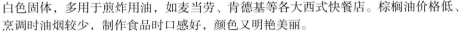

2. 市面上常见的是熔点为24度的棕榈油，且价格远比同类的其他植物油便宜，但是它的饱和脂肪酸含量却是超过了50%。当温度降低时，它会与猪油一样凝结成白色固体，多用于煎炸用油，如麦当劳、肯德基等各大西式快餐店。棕榈油价格低、烹调时油烟较少，制作食品时口感好，颜色又明艳美丽。

3. 棕榈油在常温下呈半固态，其稠度和熔点在很大程度上取决于游离脂肪酸的含量。可将棕榈油进行分提，使固体脂肪与液体脂肪分开。其中固体脂可以用来代替昂贵的可可脂作人造奶油和起酥油；液体油脂可用作凉拌或烹饪用油，其味清淡爽口。

4. 大量未经过分提的棕榈油可用于制皂工业，用棕榈油生产的肥皂具有耐久的泡沫和较强的去污能力。

❀ 棕榈油产品的用途

1. 在20℃时，棕榈油中含有22%～25%的固脂，它是起酥油配方中的一个重要组分，起酥油用于烘焙食品的重要功能是有填充气和持气功能。通常用棕榈油来生产起酥油，就是因为棕榈油能在加工过程中结合较多的气泡并能形成滑爽的质地。

2. 棕榈软脂适用于生产液态人造奶油，棕榈硬脂适用于生产固体人造奶油。人造奶油是一种由水和油脂组成的乳化物。

3. 棕榈油使用最广泛的是用作煎炸油，由于它具有较好的气味、较好的抗氧化性，不易与酸质聚合，有营养的脂肪酸组成（50%不饱和脂肪酸，无反式酸）。

4. 棕榈油是生产专用油脂的理想原料，通过分提、氢化等得到各种化学组成的甘三酯，特别适用于糖果、巧克力的生产。

5. 棕榈油广泛用于饼干、方便面、膨化食品、烘焙食品等，还能用于婴儿食品的配方中，使产品更易消化。

南瓜子油是以优质南瓜子果仁为原料，以传统压榨工艺精制而成的，充分保留南瓜子仁的营养精华，呈现独特的天然玫瑰红色，是有突出男性保健作用的健康营养油。南瓜子油又叫作白瓜子油，其生产方法有压榨和浸出两种，以压榨法生产的质量比较好，没有化学溶剂残留，且比较安全。

南瓜子油的ID卡

油的颜色	深褐绿色
口　感	强烈
气　味	浓郁的坚果香气
特　性	半干涩
成　分	亚麻油酸占40%~50%，油酸占30%~50%，饱和脂肪酸占10%~20%，脂肪伴随物质占1.5%~3%，其中以维生素E、植物固醇、叶绿素为主
料理烹调法	煮、炖、凉拌，适合水炒
美肤的应用	可以滋润肌肤、延缓老化

❀ 南瓜子油的营养价值

1 南瓜子油含有一种可称为男性荷尔蒙的活性生物触媒剂成分，能够消除前列腺的初期肿胀，对泌尿系统及前列腺增生具有良好的治疗和预防作用。

2 南瓜子油含有丰富的不饱和脂肪酸，如亚麻酸、亚油酸等。此外，南瓜子油还含有植物甾醇、氨基酸、维生素、矿物质等多种生物活性物质，尤其是锌、镁、钙、磷的含量极高。

3 南瓜子油能够降低胆固醇，降低血糖，对心、脑血管疾病和糖尿病具有预防和保健的作用。

4 南瓜子油对百日咳、产后缺乳、内痔、贫血、产后手足肿等具有特殊的效果。

5 南瓜子油含有纯天然的生物类黄酮萃取物，对男性前列腺肥大所造成的症状，如尿急、灼热、疼痛、尿中带血特别有效。

6 南瓜子油中含有60%以上的不饱和脂肪酸与植物性蛋白。经证实，不饱和脂肪酸能够乳化、分解血液中脂质，可增进血液循环，改善血清脂质，清除过氧化物，使血液中胆固醇及中性脂肪含量降低，减少脂肪在血管内壁的滞留时间，防止动脉硬化。

7 南瓜子油对肿大的前列腺作用明显，能够减少发炎、缓解疼痛，并促使膀胱变空，增强排尿的流畅，减少残余。

8 南瓜子油中富含的维生素和胡萝卜素具有抗衰老、护视力的作用，长期食用南瓜子油的人群中，80岁以上的高龄者仍保持良好的视力，不戴眼镜也可以看报纸。

9 南瓜子油中含有丰富的豆油酸，能够滋养脑细胞，清除血管内壁的沉积物而提高脑功能，改善脑血循环。

10 南瓜子油中富含的不饱和脂肪酸亚油酸和生理活性物质，能够有效地预防湿疹，还能有效地提高血液中谷胱甘肽的浓度，消除水肿。

11 南瓜子油中含有丰富的瓜氨酸，可以驱除蛔虫、涤虫、姜片虫和血吸虫等寄生虫，对血吸虫幼虫也具有很好的杀灭作用。

❀ 南瓜子油，你会使用吗

1. 自制调和油：将南瓜子油与日常食用的大豆油、花生油、菜籽油等按1：5～1：10的比例混合均匀，按日常习惯食用即可达到良好的补充和均衡营养的目的。

2. 凉拌佐餐：在拌凉菜时放入少许南瓜子油能调味或增加光泽。或者将南瓜子油与蒜蓉或者姜末混合，然后在起锅时放入，略翻炒即出锅，味道美极了。

3. 油质细腻饱满的南瓜子油吸收非常快速，令肌肤呈现丝绒般润滑，持久的深度滋润令肌肤饱满和富有弹性。南瓜子油油味很重，可以加入德国甘菊、岩兰草、乳香，低沉迟缓的味道对于干燥、敏感及受损的肌肤给予长久的呵护、耐心的修复。

4. 对于油性和痘痘肌肤，用10%浓度南瓜子油与芦荟油调和作为油相，薰衣草薄荷纯露作为水相，再根据痘痘肌肤的情况添加精油，制作成乳液，效果很棒。

5. 南瓜子油适合精力不足、功能减退、疲劳乏力、肾虚血弱、前列腺增生、前列腺肥大、前列腺炎、尿频、尿急、灼热、疼痛、尿中带血、高血脂、高血压、动脉硬化、尿道感染、泌尿系统炎症、肠道寄生虫感染、腹泻、腹痛、腹胀、消化不良者食用。

6. 南瓜子油被誉为"男性守护神"，富含必需脂肪酸、氨基酸、矿物质及维生素，有丰富的矿物质锌。相较于食用南瓜子油，保健南瓜子油其实没有本质的区别，但保健南瓜子油浓缩度高，还可制成软胶囊剂型，更适合指定剂量服用，并且吸收率高，服用方便，尤其适宜"快餐一族"。

紫苏籽油
Perilla Oil

紫苏籽油是一种高不饱和度的天然油脂，其食用、药用具有悠久的历史。紫苏籽油中α-亚麻酸的含量高达50%～70%，是目前所发现的所有天然植物油中这种脂肪酸含量最高的。紫苏籽油可以说是核桃油的超级更新换代产品，是需要补充亚麻酸的孕妈妈们的最佳选择，是必不可少的孕期滋补品。

紫苏籽油的ID卡

油的颜色	黄色
口　感	十分强烈的草本味
气　味	独特的气味，与亚麻籽油很相似
特　性	干涩
成　分	棕榈酸4%～12%，硬脂酸 1%～4%，油酸10%～25%，亚油酸 10%～25%，α-亚麻酸50%～70%
料理烹调法	煎、煮、炖
美肤的应用	可作为改善多种皮肤病变的保健补品

❀ 紫苏籽油的营养价值

1 紫苏籽油可以控制人体内血小板凝聚，降低血液中的中性脂质，清除胆固醇，防止血栓形成。经科学实验证明，其为现存植物油类中最适宜用于炒菜烹调的油。

2 紫苏籽油含有丰富的α-亚麻酸，它能够在人体中转化为代谢必要的生命活性因子DHA和EPA（植物脑黄金），不含胆固醇，对人体具有更显著的保健功能和医药功效。DHA大量存在于大脑皮层、视网膜和生殖细胞中，促使脑神经细胞突触生长，改善记忆力。

3 紫苏油可以明显提高红细胞中超氧化物歧化酶（SOD）的活力，对延缓机体衰老有明显作用。

4 紫苏籽油能够明显抑制化学致癌剂DMBA所致乳腺癌的发病率，还可以抑制结肠癌的发生。

5 紫苏籽油中的亚麻酸含量相当于六瓶核桃油或五十瓶橄榄油中亚麻酸含量，是最高效的亚麻酸补充剂，是促进大脑神经细胞发育的营养成分。

6 长期食用紫苏籽油能调节高血压、高血脂，降低胆固醇，防止动脉粥样硬化，抑制血栓形成，降低脑血栓及心血管病的发作。

❀ 紫苏籽油，你了解多少

1. 直接口服：成人每日服用5～10毫升，儿童减半。每日1～2次。

2. 自制调和油：将紫苏籽油与日常食用的大豆油、花生和菜籽油按1：5～10的比例混合均匀，按日常习惯食用即可达到良好的补充和均衡营养的目的。

3. 凉拌佐餐：紫苏籽油并不适合烹饪炒菜，油温太高会损坏α-亚麻酸。最适合用来凉拌佐餐了，在凉拌菜时放入少许可调味或增加光泽。

4. 蘸面包：将紫苏籽油盛入小碟子中，拿面包或是馒头蘸上油，就可以品尝紫苏籽油的清香与润滑。

5. 每天早上在炼乳或者原味酸奶中加入一汤匙紫苏籽油口服，简单方便又美味。

❀ 紫苏籽油和亚麻籽油的区别

1. 食用油中提供的脂肪酸一般有三种：油酸、亚油酸和α-亚麻酸。食用油中的大多数都富含亚油酸，橄榄油中富含油酸，而富含α-亚麻酸的则是亚麻籽油和紫苏籽油了。

2. 从营养成分上来看，亚麻籽油和紫苏籽油都富含α-亚麻酸，含量都能达到50%以上，因此都具有健脑、防治心脏病、治疗关节炎等功效。

3. 相较于紫苏籽油，亚麻籽油还富含木酚素，对于经期综合征、前列腺癌、乳腺癌等雌激素依赖症都起着一定程度的防治作用。

4. 相较于紫苏籽油，亚麻籽油还具有润肠通便、减肥等作用。

5. 亚麻籽油的味道略微苦，但大部分人都可以接受；而紫苏籽油的味道有人认为是很浓的紫苏籽的清香味道，有人认为紫苏籽油的味道有些腥味。

6. 单单从补充α-亚麻酸上来说，吃亚麻籽油或者紫苏籽油都可以，但紫苏籽油的主要成分还包括α-亚麻酸、棕榈酸、亚油酸、油酸、硬脂酸、维生素E、18种氨基酸及多种微量元素，具有消痰、润肺、止痛、解毒保肝、护肝等功效，对预防脂肪肝和糖尿病有效果。

7. 亚麻籽油则具有抑制过敏反应、抗炎功效、抑制癌症的发生和转移、抑制老化、促胰岛素分泌、延长降糖的效果。因此，如果肝脏不好的人从保肝护肝的角度出发，可以多吃一些紫苏籽油，而有过敏症和癌症的病人可以多吃一些亚麻籽油。

米糠油在日本和中国台湾地区称为玄米油，是取自稻谷营养最丰富的大米皮层及胚芽提炼的食用油，又称为米胚油。米糠油的脂肪酸组成较为均衡，是别具特色的珍贵健康食用油，也是制作营养油、调和油、煎炸油、食品原料的良好油料。米糠油的烟点高，黏性低，特别适合亚洲人的烹调习惯。

米糠油的ID卡

油的颜色	淡黄色
口　　感	温和
气　　味	淡淡黄豆香气
特　　性	半干性
成　　分	含有38%左右的亚油酸和42%左右的油酸，其亚油酸与油酸的比例约在1：1：1，还含有丰富的谷维素、谷甾醇和其他植物甾醇
料理烹调法	煎炸、炒、煮
美肤的应用	抗氧化功效较强

❀ 米糠油的营养价值

1 米糠油的脂肪酸组成较为均衡，含有丰富的维生素E、复合脂质、磷脂、三烯生育酚、角鲨烯、植物甾醇、谷维素等几十种天然生物活性成分，不饱和脂肪酸含量高达80%以上。

2 米糠油的脂肪酸比例最接近美国心脏学会（AHA）和世界卫生组织（WHO）推荐的脂肪酸比例，其含有38%左右的亚油酸和42%左右的油酸，其亚油酸与油酸的比例约在1：1：1，从现代营养学的观点来看，这一比例具有较高的营养价值。而且富含维生素E和谷维素、谷甾醇等多种天然抗氧化剂，长期食用米糠油不易发胖。

3 米糠油中含有丰富的谷维素，可以阻止自体合成胆固醇、降低血清胆固醇的浓度，促进血液循环，具有调节内分泌和自主神经等功能，可以促进人体和动物的生长发育。谷维素能够促进皮肤微血管循环、保护皮肤，还对脑震荡等病有疗效。

4 米糠油的原料米糠不是谷壳，而是指米皮和胚芽，富含稻谷的营养，用最营养的部分来提炼油，不但能吃而且营养很高，长期食用可以帮助预防很多稻谷营养缺乏症，如脚气病、"三高"、心血管疾病等。

5　米糠油在国外是与橄榄油齐名的健康营养食用油，深受肥胖、高血脂、心脑血管疾患人群的喜爱，早已成为西方等发达国家家庭的日常健康食用油。

6　米糠油特别适用于学生营养餐，且使用后厨房清洗方便，而且由于富含天然抗氧化剂，菜肴的保鲜度和保鲜时间可以提高40%左右，大幅度提高食物的美味和口感。

7　米糠油有非常好的抗氧化稳定性，这主要是因为它含有成分复杂的天然抗氧化剂，除了含有天然生育酚外，还含有角鲨烯和多种阿魏酸酯，它们都有助于抗氧化。

✿ 米糠油，你了解多少

1. 烹调食用油米糠油作为烹调菜肴的佐料，具有激发食欲和改善消化的功效。米糠油具有特殊芳香气味、耐高温煎炸、储存时间长和有医用价值等优点。

2. 米糠油具有优质的煎炸性能，煎炸时不起沫、不聚合，抗氧化能力极好，能够赋予煎炸食品良好稳定的风味，对鱼类、休闲小吃的风味有增效作用，并提高产品的贮存稳定性，故米糠油还是大规模生产风味土豆片、煎炸小吃食品、搅拌型煎炸食品的高质量煎炸用油。

3. 米糠油用于人造黄油时，能够形成稳定的结晶晶格，且具有可塑性、乳化性和延伸性。这种加入米糠油的低度氢化的人造黄油产品脂肪酸含量低，能够通过酯交换与其他油混合，这些特点使得米糠油在人造黄油生产中具有明显的优势。

4. 米糠油含有大量的天然抗氧化剂成分，主要应用于点心类、坚果类等食品中，能有效地延长食品的货架期。此外，米糠油与不稳定油类混合还能够提高食品的稳定性。

5. 米糠油取自稻谷加工成大米时的副产品——米糠，米糠是米粒中含油率最高的部分。米糠需要及时制油，出油率高，油脂的酸值低，颜色浅。米糠中含有较多的解脂酶，当米糠未脱离米粒时，只要稻子不霉变，此时解脂酶的活性很小，不致引起米糠变质。当米糠脱离糙米几小时之内，解脂酶便显出极大的活性，迅速分解米糠中的油脂而游离出大量的脂肪酸，致使酸值大幅度增长。

6. 米糠油由于在加工过程中带入脂肪酶，容易水解酸败，酸价上升比较快，不易保管。而经过精炼的米糠油，因脱除了脂肪酶，又含有抗氧化剂维生素E，不易氧化酸败，能够贮藏，其贮藏要求和其他油脂一样。

鳄梨油又称为酪梨油，以压榨法萃取干燥的果实，是营养价值相当高的基础油。鳄梨油的使用历史非常悠久，在医疗及美妆保养品方面都有极好的效果，既可作为食用油，也能美容护肤。鳄梨油营养丰富、质地较重，属于渗透较深层的基础油，在中南美洲的印加文明时期，是当地人的主要食物之一。

鳄梨油的ID卡

油的颜色	清澈，微微的青绿色
口　感	温和
气　味	淡淡的奶油香气
特　性	干涩性
成　分	油酸约占69%，棕榈油烯酸约占6%，饱和脂肪酸约占15%，亚麻油酸约占10%，脂肪伴随物质占2.6%～8%，其中又以维生素E、维生素A、维生素D、维生素B_1、维生素B_2、胡萝卜素、植物固醇、卵磷脂为主
料理烹调法	煎、煮、炒、炸、炖、凉拌
美肤的应用	很好的基底油，适用于过敏肌肤

🏵 鳄梨油的营养价值

1 鳄梨油富含维生素E、维生素A和维生素C，可以有效改善皮肤的干燥及老化现象，适合中性、干性肌肤及混合性偏干性皮肤。

2 鳄梨油含有不饱和脂肪酸，具有降低胆固醇、疏通阻塞的血管及预防心脏疾病与高血压的功效。我们的日常饮食含有过多的脂肪、胆固醇及钠盐，这些成分大大地提高中年人士罹患心脏病、血管疾病。

3 鳄梨油含有大量维生素E、卵磷脂、蛋白质、胡萝卜素和矿物质，可以帮助皮肤增加抵抗力、滋润保湿、易渗透，具有抗老化功效，适合敏感性、缺水、湿疹肌肤使用。

4 鳄梨油中的单元不饱和脂肪酸比例与橄榄油相当，其中含有丰富的抗氧化剂维生素E，不但让油品本身稳定，在高温下也不容易变质，也适合运用于肌肤老化而产生细纹、斑点等状况。

5 鳄梨油既可以单独使用，也可以搭配使用，对降低血压、胆固醇及减肥来说都有不错的效果。

6 鳄梨油中含有一种非皂化的成分，有时候会被分离出来，这种成分对停经后的妇女维持肌肤柔顺的效果绝佳。

7 鳄梨油的固醇素含量很高，而实验证明固醇素不仅可以减少老年斑，还有软化皮肤的作用，可增加胶原蛋白分泌，预防皮肤老化。

8 鳄梨油能够治疗鳞片状皮肤，对湿疹和角化症等皮肤病有帮助，还可以促进烧伤和伤口愈合。

9 鳄梨油含有不饱和脂肪酸，可以帮助降低胆固醇，清除血管壁沉积物，疏通血管，从而预防心血管疾病，尤其对于高血压有不错的预防功效。

10 鳄梨油中含有大量的维生素D和卵磷脂，在清洁面部的同时，还可以直达皮肤深处，软化皮肤组织，在皮肤表面形成保护膜，防止水分流失。

11 鳄梨油含有丰富的维生素A、D、E，氨基酸以及蛋白质，可以补充发丝营养，抚平受损的毛鳞片，有修复头发损伤的功效。

❀ 鳄梨油，你了解多少

1. 鳄梨油又名为酪梨油，是脸部的清洁乳，深层清洁效果良好，促进新陈代谢，对淡化黑斑、消除皱纹均有很好的效果。

2. 鳄梨油的皮肤渗透能力仅次于荷荷芭油，不仅能够帮助表皮肌肤，还能深入到达皮肤底层，增强细胞的修复和再生功能，延缓皮肤的老化速度。

3. 鳄梨油具有很强的抗氧化性，可以保存很长时间。但是不能将鳄梨油放在冰箱中冷藏，因为部分成分会因而产生沉淀。鳄梨油凝固点较低，在低温的状况下呈现凝结状态，在0℃时会呈固态，但在室温下会再度恢复液态。

4. 在锅中加热两杯鳄梨油和一杯杏仁油，从炉子上移开后添加2个绿茶包，然后让调和液冷却。清除茶叶包，添加2滴玫瑰油、10滴薰衣草油、4滴依兰精油和8滴甘菊油。将混合液储存在一个琥珀色玻璃瓶中放置24小时，这样可以混合均匀。每次沐浴时，可以在洗澡水中添加这种混合油，能够起到舒缓神经的作用。

5. 鳄梨油具有极好的抗氧化性，这使它更适用于那些因细菌感染而需要更加小心护理的老年人或体弱者，可作为基础油之一。

6. 用鳄梨油来按摩身体，可以消除浮肿，帮助排除身体中多余的水分，从而达到减肥美体的功效。

可可脂
Cocoa Butter

可可脂，又称为可可白脱，是在制作巧克力和可可粉过程中从可可豆抽取的天然食用油，是一种非常独特的油脂。它只有淡淡的巧克力味道和香气，是制作真正巧克力的材料之一。一般称为白巧克力的糖果就是由它制成的。

可可脂的ID卡	
油的颜色	黄色
口　感	类似巧克力的味道
气　味	闻起来十分宜人
特　性	稳固的、在室温下难以成形的脂肪形态，结构为稳固且类似牛油般的密度
成　分	油酸占30%～38%，饱和脂肪酸占55%～68%（其中尤其是硬脂酸及棕榈酸），亚麻油酸约占4%，脂肪伴随物质约占0.4%，带有很多种不同的植物固醇及三萜烯类
料理烹调法	主要是制作巧克力的原料
美肤的应用	适合保养老人和婴儿脆弱的皮肤，适合干性及敏感性肌肤

❀ 可可脂的营养价值

1 可可脂具有可可特有的香味，具有很短的塑性范围，27℃以下几乎全部是固体（27.7℃开始熔化）。随着温度的升高会迅速熔化，到35℃就能完全熔化。因此它是一种既有硬度，溶解得又快的油脂。

2 可可脂是已知的最稳定的食用油，含有能防止变质的天然抗氧化剂，能够储存2～5年，使它能够用于食品以外的用途。

3 可可脂在西点中主要用于制作巧克力，稀释较浓、较干燥的巧克力制品。在可可脂含量较低的巧克力中加入适量的可可脂，可以提高巧克力的浓稠度，增强巧克力沾浸、脱模后的光亮效果，使其质地细腻。

4 可可脂含有丰富的多酚，具有抗氧化功能，可以保护人体对抗一系列疾病，减轻老化影响。因此，可可脂的含量也被称为巧克力的含金量。天然可可脂含量高的纯巧克力、香味纯正、浓郁、入口软滑。

5 可可脂由于它润滑的质感和香甜的气味，是不少化妆品和护肤用品，如肥皂和沐浴露会用到的原料。它也可用作肛用药的润滑剂。

✿ 可可脂，你了解多少！

1. 可可脂根据生产和工艺不同分为天然可可脂和脱臭可可脂。天然可可脂呈淡黄色，有天然可可香气；脱臭可可脂是在天然可可脂的基础上通过物理方法除去可可脂中的杂质、颜色和异味，呈明亮柠檬黄色，无气味。天然可可脂广泛用于巧克力、蛋糕等食品生产；脱臭可可脂一般多用于高档化妆品生产、医药的生产，很少用于食品生产。

2. 可可脂是可可豆中的天然脂肪，它不会升高血胆固醇，而使巧克力具有独特的平滑感和入口即化的特性。研究表明，可可脂尽管有着很高的饱和脂肪酸含量，但是不会像其他饱和脂肪酸那样升高血胆固醇，这是因为它有很高的硬脂酸含量，硬脂酸是可可脂中的主要脂肪酸之一，可以降低血液中的胆固醇。

3. 可可脂从天然可可豆中制得，由于原料生产受到气候条件等限制，产量远不能满足于巧克力生产需要，因此国际市场价格昂贵，一般高于普通油脂的5～10倍。天然资源的缺乏，因此有了类可可脂（简称CBE）。类可可脂是从天然植物脂中提取的，一些国家采用牛油坚果、棕榈油、婆罗脂、杧果脂等生产类可可脂，经过分馏提纯和配制而成，其三甘油脂肪酸组成及特性与天然可可脂极为接近。

✿ 教你区分"可可"和"可可脂"

可可是制作巧克力的最主要成分。可可原豆在加工过程中会被磨成可可原浆，而可可原浆又会被加工成两种物质，一是可可脂，二是剩下的可可原浆，也被称为可可固形物、可可块或可可粉等。在制作巧克力的过程中，可可脂和可可固形物都是不可缺少的制作原料。

1. 一般巧克力外包装上的"可可脂含量"指的是单纯的可可脂含量，而"可可含量"则是包括了可可脂的其他可可类产品，如可可浆、可可粉等物质的总和。

2. 可可脂是可可中的天然油脂，是一种含有大量饱和脂肪酸却不会升高血胆固醇的健康油脂，是制作巧克力最理想的专用油脂。如果巧克力中可可脂含量很高，那么巧克力的口感必定丝滑美妙，反之如果使用了代可可脂，巧克力的风味肯定就会打折扣，还会有很多健康问题。

3. 可可固形物含有大量的多酚类物质，这种物质是天然的抗氧化剂，但特点是味道苦而涩，巧克力的苦味就是由此而来。此外，可可固形物还含有较多的铁和钾，适量食用有利于心脏健康。

4. 从营养角度来说，真正含有健康成分、热量低的巧克力应该是：总可可含量高，可可脂含量不低（但必须是纯可可脂，不用代可可脂），同时配料中糖含量要低，最好不要有附加的黄油、植物油等成分的巧克力。可可含量能够达到70%以上的巧克力，虽然味道较为苦涩，口感算不上上佳，但是能称之为好的巧克力。

红花籽油是以红花籽为原料提炼出来的，因红花籽外观与菊科蓟属植物相似，也被称为是"色蓟"。红花籽油含有大量的亚油酸，是已知植物油中含量最高的，被称为是"亚油酸之王"。红花籽油具有较高的抗冻性、稳定的香味和清亮的色泽等特性，是一种健康、珍贵的优质食用油。

红花籽油的ID卡

油的颜色	金黄色至偏红色
口　感	强劲却宜人
气　味	有红花籽固有的味道
特　性	干性至半干性
成　分	亚麻油酸约78%，油酸约13%，不饱和脂肪酸约9%，脂肪伴随物质占0.5%~1.5%（以生育酚和维生素A为主）
料理烹调法	煎、煮、炒、炸、炖、凉拌
美肤的应用	很好的基底油，适用于过敏肌肤

❀ 红花籽油的营养价值

1 红花籽油富含大量的亚油酸，是细胞的重要组成部分，并参与线粒体与细胞膜磷脂的合成。若缺乏亚油酸，可能导致线粒体肿胀、细胞膜机构和功能的改变，会造成细胞脆性增加。

2 亚油酸与人体脂质代谢关系密切，是参与体内胆固醇与脂肪酸的重要成分，不但能促进正常的新陈代谢功能，还能降低血液中胆固醇含量，清除血管内壁的沉积物，具有降血压、降血脂、降低血液黏稠度的作用，有利于预防心脑血管疾病。

3 红花籽油中的黄酮类化合物具有显著的抗氧化性，是可以改变体内酶活性、改善微循环、抗肿瘤等具有重要生物活性的化合物，对心血管病及老年病症等都有防治功效。

4 红花籽油中富含天然维生素E，是所有植物中最高的，被称为是"维生素E之冠"。维生素E是一种天然的还原剂和抗氧化剂，具有抗衰老的功效，能使老化细胞和组织重现活力，还能提高人体免疫力，消除自由基，预防癌症。

5　维生素E还能维持细胞柔软，增强弹性和活性，让皮肤变得更加细腻光滑，还可抑制细胞膜的病变，具有抵抗肿瘤细胞的作用。

6　亚油酸是合成前列腺素的重要前提，缺乏亚油酸就会造成组织形成前列腺素的能力降低。

❀ 会吃还要会保存

1. 红花籽油虽然亚油酸含量过高，而亚麻酸、油酸含量却很低，最好与橄榄油、亚麻籽油等富含油酸或亚麻酸的食用油调和食用。

2. 红花籽油虽然比较耐高温，但还是尽量不要用于煎炸，以免破坏其营养成分。烹炒时加热时间也不宜过长，最好将食物和油一起加热，避免油的局部过热。

3. 精制红花籽油可直接口服，每日饮用10毫升红花籽油，有助于降低胆固醇，坚持3个月，血脂基本稳定。

4. 红花籽油还很适合做凉拌菜，可以增加口感和色泽。

5. 冲饮：将20毫升红花籽油与打散后的鸡蛋及蜂蜜调匀后，用温开水冲服，一天一次，可以达到排毒、养颜、降脂、瘦身的功效。

6. 红花籽油一旦开封与空气接触后容易变质，密封冷藏下可保存约1年，应置于阴凉、干燥、避光处。

❀ 教你鉴别纯正红花籽油

Rule 1 冻 红花籽油

红花籽油的凝固点很低，放进冰箱里，在零下10℃的状态下不凝固的油就是纯正的红花籽油。

Rule 2 比 脂肪酸

红花籽油中的亚油酸含量远高于其他油脂，经过仪器来进行脂肪酸剖析，其亚油酸含量在67.8%以上的为纯正的红花籽油。

Rule 3 看 渗透性

红花籽油具有极强的渗透性，可将其与日常食用的大豆油、橄榄油及其他按摩油混合后均匀涂于手背，若10~15分钟后很快被皮肤吸收，并且没有油腻感，非常清爽，就是纯正的红花籽油。

PART

3

用对油等于
天天美容

植物油只是用来吃的？那你就想错了。

在植物油的世界中，还有很多珍贵而稀有的植物油，如玫瑰籽油、荷荷芭油、杏桃仁油、椰子油、榛果油和甜杏仁油等，有些既能吃又能够美容护肤，是芳香疗法和化妆品行业的宠儿。

下面就为大家详细介绍一些不仅能吃，在美容护肤方面更有助益的植物油。

葡萄籽油
Grapeseed Oil

葡萄籽油是由精选的葡萄籽经低温压榨而得的纯天然制品，非常有营养价值，在中古世纪的上流社会是十分珍贵且极受推崇的油品，被人们称为"青春之泉"。葡萄籽油由于自身性能稳定，除了作为烹调油直接在餐桌上食用和用于制作各种食品之外，还是制作高级化妆品和药品的重要原料之一。

葡萄籽油的ID卡	
油的颜色	淡色、淡绿色、深绿色
口　感	令人深刻的果实味
气　味	有果香
特　性	半干涩
成　分	亚麻油酸约70%，油酸15%～20%，饱和脂肪酸7%～10%，脂肪伴随物质0.5%～2%（主要为类黄酮、原花青素、儿茶素、维生素E和卵磷脂）
使用方法	外用或内服均可；可加热（因为其中的OPC原花青素成分）
美肤的应用	是制作各种高级化妆品的原料

❂ 葡萄籽油的主要作用

1 葡萄籽油的主要成分是亚麻油酸，人体必需而不能合成，可抵抗自由基、抗老化、帮助吸收维生素C和E、强化循环系统的弹性、降低紫外线的伤害、保护皮肤的胶原蛋白、改善静脉肿胀与水肿及预防色素沉淀。

2 葡萄籽油的另一个主要成分是原花青素。原花青素能保护血管弹性，阻止胆固醇囤积在血管壁上及减少血小板凝固，因为原花青素和维生素C的组合可以使胆固醇分解，成为胆汁盐，进而排出体外。

3 原花青素的抗氧化能力是维生素E的50倍，可保护肌肤免于紫外线的荼毒，预防胶原纤维及弹性纤维的破坏，使肌肤保持弹性及张力，避免皮肤下垂及皱纹产生。其中的酚花青素具有脂溶性及水溶性特质，还有美白皮肤的作用。

4 葡萄籽油是迄今为止所发现的最强效的自由基清除剂之一，不仅可以清除皮肤色斑、黄褐斑、蝴蝶斑等各种斑，还能清除组胺，使皮肤变得光滑以及愈合疤痕。

5　葡萄籽油渗透力强，可做面部按摩及治疗时用，尤其是细嫩及敏感皮肤，油性、暗疮、粉刺皮肤。含丰富维生素F、矿物质、蛋白质，能增强肌肤的保湿效果，同时可润泽、柔软肌肤，质地清爽不油腻，易为皮肤所吸收。

❀ 葡萄籽油的使用建议

搭配原则

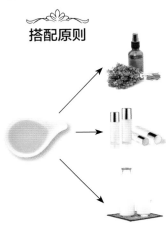

‖**搭配各种精油**‖可作为脸部及身体的皮肤按摩油及保养油。不仅可以搭配出各种功效，也可增进皮肤的吸收度，是很好的基底油。

‖**搭配乳液**‖添加在乳液中，可以加强乳液的滋润效果及附加功效，1∶10的比例调和即可。

‖**搭配牛奶或香蕉、珍珠粉等**‖里面做DIY面膜，滴入1～3滴葡萄籽油，可以加强面膜的功效。

皮肤保养

增加弹性防止老化	**美白皮肤**	**滋润干燥肌肤**	**治疗风湿性关节炎**
葡萄籽油10毫升＋玫瑰/檀香/依兰/橙花/天竺葵精油2～5滴	葡萄籽油10毫升＋柠檬/葡萄柚/玫瑰精油2～5滴	沐浴是加入葡萄籽油5毫升，或是沐浴后涂在身上	葡萄籽油10毫升＋尤加利/薰衣草/罗勒/薄荷精油2～5滴
治疗静脉曲张	**放松肌肉**	**舒解精神**	**减肥**
葡萄籽油10毫升＋薰衣草/天竺葵/佛手柑/柠檬精油2～5滴	葡萄籽油10毫升＋迷迭香/薄荷/鼠尾草/松树精油2～5滴	葡萄籽油10毫升＋薰衣草/洋甘菊/玫瑰/茉莉/橙花精油2～5滴	葡萄籽油10毫升＋薰衣草/迷迭香/柠檬/葡萄柚/天竺葵精油2～5滴

头发保养

◎用于掉发、稀疏：葡萄籽油5毫升＋迷迭香/天竺葵/薰衣草精油3～4滴

❁ 葡萄籽油使用的注意事项

1. 葡萄籽油的抗氧化性和稳定性都很强，但保存的时候，仍然需要放在阴凉干燥的地方。开封后应该尽快使用，以防变质，失去功效。

2. 在稀释精油时，不要使用塑料、易溶解和表面有油彩的容器，请使用玻璃、不锈钢或是陶瓷器皿。

3. 虽然葡萄籽油天然无毒性，孕妇、儿童、老人和运动员皆可使用，但正在用药物、草药、抗氧化剂者请暂停使用，可能会对药物有影响。

4. 虽然葡萄籽油有很好的保健效果，但是不能代替药物使用，有病痛的时候仍然需要去医院，不可只依赖葡萄籽油。

葡萄籽油小tips

葡萄籽油虽然被广泛用于护肤，但也是非常好的食用油。其热稳定性好，烟点高达248度，高温烹调不污染环境，具有环保性，是一种保健食用油。用量少，烹饪仅用其他油的1/2～1/3就可以达到同样的烹饪效果，因此十分经济，还能避免过多的脂肪摄入，在国外深受厨师、美食家和家庭主妇的青睐。可用来烹饪海鲜、凉拌菜、沙拉和配制调和油。

葡萄籽油珍珠牛奶面膜

美容功效：这款面膜的主要功效是美白和滋润，加入葡萄籽油以后还能使皮肤光滑细腻。

材料

牛奶20毫升，珍珠粉20克，葡萄籽油3滴

工具

面膜碗，面膜棒

做法

将珍珠粉、牛奶和葡萄籽油倒入面膜碗中，用面膜棒调和均匀即可。

注意事项：适合各种肤质，特别是有黑头、皮肤薄和红血丝的皮肤。但是有痘痘的皮肤不要使用。

椰子油
Coconut Oil

椰子会产出似猪油膏的脂肪，熔点为24℃，因此我们常见的椰子就是液态状的。椰子油的提取方法多种，不同方法提取的椰子油的外观、质量、口味和香味互有差异。椰子油的提取大体上可分为两大类：一种是经提纯、除臭和漂白的步骤，才能将油液转化为食用油；另一类是常温下不经化学处理的"冷榨"椰子油。有一种用水蒸气的方式萃取的椰子油适合用来护肤，尤其与其他植物油或是"高效能油液"相互搭配，效果更佳。

椰子油的ID卡	
油的颜色	白色至淡黄色
口　感	甜甜的椰子味
气　味	淡淡的椰子香
特　性	室温下为固态脂肪，在热带温度下则为液态脂肪
成　分	饱和中链脂肪酸约65%（月桂酸约占45%），饱和长链脂肪酸约30%（主要为肉豆蔻酸），油酸占2%～11%，脂肪伴随物质约1%
使用方法	外用或内服，可高温加热
美肤的应用	直接用于皮肤和头发，能护肤护发

❀ 椰子油的主要作用

1 椰子油是我们日常生活中唯一由中链脂肪酸组成的油脂，中链脂肪分子比其他食物的长链脂肪分子小，易于消化和吸收，对有脂肪转换障碍和肠胃溃疡的患者而言，椰子油是理想的油液。而且肝脏更倾向于使用中链脂肪酸作为产能的燃料来源，进而提高新陈代谢的效率。

2 中链脂肪酸具有天然的综合抗菌能力，同样也起着抗氧化剂的作用，可用于治疗儿童佝偻病、成人的骨质疏松，保护骨骼不受自由基损伤。

3 椰子油的中链脂肪酸主要是月桂酸，可抑制不好的细菌和微生物生长，比如幽门螺旋杆菌。也能抑制某些病毒的生长，如疱疹或流感病毒。

4 椰子油可强力清洁皮肤内的污垢，而且有机天然纯鲜椰子油绝对不会伤害肌肤，可用于卸妆、清洁，外敷可以保护皮肤不受紫外线伤害。

5 纯鲜椰子油是唯一可以减少秀发蛋白质流失的油脂，可以让秀发自然健康有光泽，还可以防止头皮屑、保护头皮，预防灰发和秃头的提早发生。

❀ 椰子油的使用建议

内服

‖生饮‖三餐前半小时，服用15毫升椰子油，长期服用可整肠健胃，促进新陈代谢，提高抵抗力，达到保健的效果。

‖烘焙‖面包蛋糕烘焙，椰子油可以代替黄油、沙拉油等。

‖凉拌‖用来拌沙拉或是青菜，具有淡淡的椰香，清新爽口，自然健康！

‖烹饪‖耐高温，可煎炸、烘焙、煮饭、炒菜等，在高温烹饪下可保持油品的营养成分，是烹饪健康美食的上好选择。

‖饮料‖在咖啡、果汁、蜂蜜、奶茶、开水里可以加入一勺椰子油，可以增强体力和提神。

皮肤保养

卸妆

取2~5毫升椰子油于干燥的手掌内，待彩妆及污垢浮出后，用温水洗净，特别是清洁唇膏、眉笔、眼线的效果特别棒，记住要用洁面产品进行双重洁面。

护肤

每日洗脸或是沐浴后取适量椰子油涂抹在脸部或身体上，按摩1~2分钟。或是每次做面膜前，先用少量椰子油在面部按摩1分钟左右，再敷上面膜，皮肤会变得光滑细润。

防晒

夏日外出，涂抹些许椰子油可以预防晒伤。

改善妊娠纹

怀孕时每天使用椰子油按摩下腹部，能帮助顺利分娩，并预防妊娠纹。产妇使用椰子油按摩腹部，也可减轻妊娠纹症状。

外伤消炎

在刀伤、蚊虫叮咬、烫伤伤口处涂抹椰子油直至痊愈。尽可能确保椰子油始终敷于患处。

头发保养

洗发后，待头发半干，取适量椰子油按摩头皮及至发梢，而后至少揉搓15分钟，然后将油洗掉，长期使用会使头发变得乌黑亮丽。

✿ 椰子油使用的注意事项

1. 涂抹皮肤时并不需要太多油，因为皮肤在吸收油脂量达到饱和后就不再吸收，皮肤表层多余的油脂会沾染在衣物上。

2. 适量的油在10分钟左右渗在皮肤里。间隔1小时之后再涂抹一遍比一次用过多的油效果更好。

3. 当椰子油用于防晒时，请记得适时反复涂抹，因为汗水的稀释与皮肤的吸收会减弱它的防晒功效。

4. 秀发的吸收能力比皮肤差，因此在护理中需要等待的时间比较长。

椰子油使用小tips

　　椰子油不仅可以美容护肤、可以烹饪，还能护理口腔。用于烹饪的时候，喜欢椰子清香味道的，可选用天然椰子油。不喜欢这个味道的话，可选择精炼椰子油。椰子油除了可以用作卸妆油、身体润肤乳、剃须油或发膜，还能将椰子油与发酵粉混合，制成牙膏。用椰子油护理口腔是传统的方法，口含椰子油15分钟，可保持口腔微生物平衡、消除体内炎症和难闻的气味。

椰子油保湿面膜

美容功效： 超强保湿，让皮肤水润。

（ 材料 ）

椰子油10毫升，蜂蜜10毫升，香蕉半根

（ 工具 ）

搅拌机，面膜碗，面膜棒

（ 做法 ）

将材料放入搅拌机中搅拌均匀，取出即可用于敷脸。

TIPS： 还可选择加入10毫升牛油果油，或半个牛油果。也可以用其他的水果、胡萝卜或马铃薯代替香蕉，用以加强抗氧化。若想要加强滋润及抗老化，可加入几滴玫瑰精油或是胡萝卜籽油；极度干性肌肤及成熟肌肤亦可加入橙花油和玫瑰精油。使用的时候，敷在脸上10～20分钟后用清水洗净即可。

小麦胚芽油是以小麦芽为原料经过压榨或浸出工艺制取的一种谷物胚芽油。它集中了小麦的营养精华，富含维生素E、亚油酸、亚麻酸、甘八碳醇及多种生理活性成分，具有很高的营养价值。从1000千克小麦中才能提取1升小麦胚芽油，所以它又有"液体黄金"之称，其天然维生素E的含量居各种植物油之首，生理活性又是最高的一种。

小麦胚芽油的ID卡

油的颜色	棕色或橘红色
口　感	强劲
气　味	有谷物和面包的味道
特　性	干涩
成　分	亚麻油酸约44%，油酸20%～30%，α-次亚麻油酸约11%，脂肪伴随物质3.5%～4.7%（主要为维生素E、植物固醇、磷脂、长链醇类、卵磷脂）
使用方法	外用或内服，冷压油液不可加热食用
美肤的应用	适合全身使用

❀ 小麦胚芽油的主要作用

1 小麦胚芽油中的亚油酸占50%以上，可降低血液中的脂质浓度和胆固醇含量，防止动脉粥样硬化，预防高血压、糖尿病，并可调节人体代谢，增强人体活力。还能够有效地促进少儿组织细胞生长发育，而且对动脉硬化、心脏病、糖尿病以及肥胖症等均有一定的食疗效果。

2 小麦胚芽油含有的甘八碳醇对人体有非常多的生理活性，有提高肌力、增强体力、耐力，改善肌肉机能，改善反射性、灵活性等多种作用。

3 小麦胚芽油富含高纯度维生素E，含全价维生素E，即α、β、γ、δ四种类型均有，其中α维生素E含量极高，易于吸收、活性最强，具有抗氧化的特性。在美容应用上，可用于减肥及消除黑斑、雀斑、皱纹和疤痕。

4 小麦胚芽油不仅可以延缓衰老、抗氧化、减缓人体器官的老化，还可提高人体免疫力、增强抗癌、防癌以及促进我们血液循环，还有对抗不妊症、预防早产、促进皮肤新陈代谢以及防治睾丸萎缩等多种功效。

5　小麦胚芽油能够有效促进皮肤的新陈代谢，加强皮肤的保湿功能，调理女性的内分泌，从而由内而外改善肌肤，减少黑斑及色素斑，加强皮肤抗衰老性和抗皱保湿功能，令女性肌肤变得柔润而富有弹性。

6　小麦胚芽油能维持结缔组织的健康。临床证实它有助于消除妊娠纹和会阴纹理。对于熟龄肌肤，小麦胚芽油无疑是青春的源泉，因为它的油液的功效能够长时间有效地活络肌肤的微循环及其免疫系统。

7　小麦胚芽油对青春痘、粉刺、牛皮癣、湿疹等也有治疗的效果，而且小麦胚芽油油液温和，适合皮肤使用，并能帮助肌肤深层的再生机制和角质化过程。

❀ 小麦胚芽油的使用建议

食用

小麦胚芽油可直接口服，每日5毫升，也可以作为辅料调拌凉菜食用。

小麦胚芽油含丰富高单位的维生素E，是著名的天然抗氧化剂（防腐剂），能稳定油脂，使效果更加持久，因此与其他植物油混合使用，可防治混合油变质，延长调和油的保鲜期。

皮肤保养

适用于中性肌肤

小麦胚芽油10毫升＋薰衣草/天竺葵/迷迭香精油2～5滴

适用于油性肌肤

小麦胚芽油10毫升＋薰衣草/天竺葵/佛手柑/柠檬精油2～5滴

适用于干性肌肤

小麦胚芽油10毫升＋薰衣草/天竺葵/依兰精油2～5滴

适用于敏感肌肤

小麦胚芽油10毫升＋薰衣草/玫瑰/茉莉/橙花/洋甘菊精油2～5滴

治疗风湿性关节炎

小麦胚芽油10毫升＋尤加利/薰衣草/迷迭香/罗勒/薄荷精油2～5滴

治疗静脉曲张

小麦胚芽油10毫升＋薰衣草/天竺葵/柠檬精油2～5滴

放松肌肉

小麦胚芽油10毫升＋迷迭香/薄荷/鼠尾草/松树精油2～5滴

舒解精神

小麦胚芽油10毫升＋薰衣草/洋甘菊/玫瑰/茉莉/橙花精油2～5滴

沐浴时加入5毫升小麦胚芽油，可滋润干裂肌肤。

❀ 小麦胚芽油使用的注意事项

1. 食用小麦胚芽油期间，要减少油腻、辛辣等高热量食物的摄入。

2. 小麦胚芽油虽然没有副作用，作为营养保健品可持续服用半年，但是切记不能超量。如果超量服用，再好的东西也有可能出现不良的反应。

3. 同时，小麦胚芽油的具体效果要看个人体质。每个人的体质不一样，它针对大部分人的体质研发，但是对于少部分特殊体质人群，效果可能没有那么明显。

小麦胚芽油小tips

　　小麦胚芽油含有一股强烈的油气，而且会使衣服染色。所以在使用时，推荐与其他植物油以1：9的比例混合使用。同时，在精油里面加入一点点小麦胚芽油，可延长精油一至二个月的保存期限。就连在料理方面也最好能与其他的植物油搭配食用，因为它的油气实在是太特殊而强烈。

绿豆粉牛奶面膜

美容功效： 这款面膜所含的美肤成分能阻止不饱和脂肪酸的氧化和分解，防止皮肤角质化和干燥。

材料

绿豆粉30克，小麦胚芽油2滴，鲜奶适量

工具

面膜碗，面膜棒

做法

将绿豆粉、小麦胚芽油和鲜奶倒入面膜碗中，用面膜棒调和均匀即可。

荷荷芭油
Jojoba Oil

荷荷芭油是墨西哥原生植物荷荷芭（霍霍巴）的萃取物，具有滋润、收紧皮肤、软化脂肪、消炎的功效。墨西哥、加州及罗马逊的原住民们把荷荷芭油作为专门治疗皮肤病的万用仙丹，把它视为"液态的黄金"，运用在治愈伤口、护肤，以及防晒、抗紫外线等用途上。

荷荷芭油的ID卡	
油的颜色	金黄色
口　感	无味道
气　味	中性温和
特　性	不油腻的（液态蜡）
成　分	主要是液态蜡的成分，脂肪伴随物质以维生素E为主
使用方法	不可内服
美肤的应用	只能外用，因为它的蜡质人体无法代谢

❀ 荷荷芭油的主要作用

1 荷荷芭油富含维生素D，是很好的滋润及保湿油，可维护皮肤水分，软化皮肤，适合成熟及老化皮肤，常用于脸部、身体及头发保养。

2 荷荷芭油渗透性良好，还具耐高温的特质，是稳定性极高、延展性特佳的基础油，适合油性敏感皮肤、风湿、关节炎、痛风的人。

3 荷荷芭油对肌肤有显著的美容功效，可用来畅通毛孔，调节油性或混合肌肤的油脂分泌，改善发炎和敏感、湿疹、面疱等。

4 纯天然荷荷芭油常应用于保湿剂、防晒霜、沐浴液、按摩剂、护发素等，是皮肤和头发高效的清洁剂、调理剂、保湿剂和柔顺剂。

5 纯天然荷荷芭油经常被用作基础调油与其他精油调和使用，能够带给肌肤细致舒缓的感觉，对皮肤有很好的保湿效果，是最好的皮肤按摩油。

6 荷荷芭油滋润的效果也可以用来消除孕妇的妊娠纹，对于旧疤痕也很有效（特别是与玫瑰果籽油相互搭配，更能强化效果）。

7 荷荷芭油可用于治疗癌症、高血压、冠心病、肾病、皮疹、粉刺、牛皮癣、神经性皮炎、创伤，还可作为青霉素生产的消沫剂及超级抗菌剂。

❀ 荷荷芭油的使用建议

搭配原则

搭配精油，可作为脸部及身体的皮肤按摩油及卸妆油之用。除了有其他稀释的目的外，也可增进皮肤的吸收度，是很好的基底油。

搭配乳液，如小黄瓜乳液、玫瑰乳霜等都可以额外添加荷荷芭油，可以加强其皮肤表面的吸收力和保护力，对于干性皮肤或秋冬季皮肤易干痒者都适用。

搭配头发保湿的精油，如檀香、依兰、乳香等，可预防干性发质的断裂分叉及日晒后的干枯。

皮肤保养

亮丽皮肤

荷荷芭油30毫升＋玫瑰精油1滴＋天竺葵精油3滴

美白皮肤

荷荷芭油10毫升＋柠檬精油2滴＋葡萄柚精油2滴＋玫瑰精油1滴＋广藿香精油1滴

润滑皮肤

荷荷芭油30毫升＋薰衣草精油3滴＋天竺葵精油1滴＋依兰精油2滴＋檀香精油2滴

青春痘与粉刺

荷荷芭油10毫升＋薰衣草精油1滴＋依兰精油1滴＋茶树精油1滴＋广藿香精油2滴

荷荷芭油10毫升＋广藿香精油2滴＋洋甘菊精油1滴＋茉莉精油1滴

荷荷芭油20毫升＋柠檬精油2滴＋松木精油3滴＋广藿香精油1滴

缓解晒伤皮肤

荷荷芭油30毫升＋洋甘菊精油4滴＋天竺葵精油3滴

老化肌肤保养

荷荷芭油15毫升＋橙花精油5滴＋薰衣草精油10滴＋玫瑰精油10滴＋檀香精油5滴

干性皮肤保养

荷荷芭油30毫升＋广藿香精油3滴＋天竺葵精油4滴＋洋甘菊精油3滴＋薰衣草精油3滴

头发保养

◎ 去屑：荷荷芭油30毫升＋迷迭香精油6滴＋尤加利精油5滴＋广藿香精油4滴

◎ 干性发质：荷荷芭油30毫升＋佛手柑精油4滴＋茶树精油3滴＋广藿香精油、姜精油各2滴

◎ 油性发质：荷荷芭油30毫升＋佛手柑精油6滴＋薰衣草精油5滴＋松木精油、姜精油各2滴

◎ 掉发稀疏：荷荷芭油5毫升＋薰衣草/天竺葵/迷迭香精油3～4滴

⚛ 荷荷芭油使用的注意事项

1. 荷荷芭油使用时必须注意其浓度，也就是可以先搓揉在掌心，然后再轻轻地抹在头发外部及发梢部位，以免涂抹过多的油，造成头发过于厚重油亮。

2. 直接用于护肤护发的荷荷芭油一定要购买质量可靠的冷榨纯天然荷荷芭油，二次提取、精炼、人工合成的不适宜使用。

3. 虽然纯天然的荷荷芭油具有极强的抗氧化性和稳定性，但应该放置在阴凉、干燥处存放。

4. 纯正的荷荷芭油滴1滴均匀擦涂在手背上，几分钟就会完全吸收，看不到油和油腻的感觉，放在10℃以下的冰箱内会结冰。

荷荷芭油小tips

橄榄般大小的种子（坚果）中并不带油分，而是一种液态蜡，这种液状蜡在化学结构上与食用油不能相提并论：它并不是从带甘油成分的脂肪链生成的结构，而是从带长链醇的不饱和脂肪酸链接而成的。所以确切地说，应该把这种成分称为荷荷芭脂。这种蜡脂在高温下状态还是稳定的，并且具有抗菌的特性。所以，添加了荷荷芭成分的保养品，通常都不会再加入防腐剂的成分。

除皱减压"油"面膜

美容功效： 这款面膜可深层滋润肌肤，增加皮肤组织的活力，令肌肤保持弹性，消除皱纹。

材料

甘菊15克，维生素E1粒，荷荷芭油、玫瑰精油、洋甘菊油、檀香精油各1滴

工具

纱布，面膜碗，面膜棒，面膜纸

做法

1.甘菊洗净，泡开滤水，置于面膜碗中。

2.在面膜碗中加入维生素E和各种精油搅拌均匀。

3.在调好的面膜中浸入面膜纸，泡开，然后敷在洗净的脸上即可。

澳洲胡桃油
Macadamia Nut Oil

澳洲胡桃油又叫夏威夷坚果油、昆士兰油等，是由夏威夷果经过压榨或溶剂萃取、精致、提纯的方法制得的。18世纪的移民来到澳洲后，发现一种适合人工培育的经济作物，就是夏威夷坚果树。夏威夷坚果口味细致，充满浓郁香气，被称为"坚果之后"。夏威夷坚果不仅美味营养，其油脂更是可以作为昂贵美妆品中的营养原料用油。

与杏仁一样，夏威夷果仁其实并不是真正的坚果，而是核果的一种。一株超过10年的夏威夷坚果树可产出12～14千克的带壳核果，而100克的夏威夷果中含有75克的油脂。

澳洲胡桃油的ID卡	
油的颜色	淡黄色偏棕色
口 感	无味道
气 味	淡淡的坚果香
特 性	不干涩
成 分	油酸约57%，棕榈油烯酸约15%，饱和脂肪酸约15%，脂肪伴随物质约0.5%（尤其是维生素B、维生素E、维生素A前驱物质以及矿物质）
使用方法	外用或内服均可；能高温加热
美肤的应用	很好的基底油

❀ 澳洲胡桃油的主要作用

1 澳洲胡桃油富含矿物质、蛋白质、多重不饱和脂肪酸。它是唯一含有大量棕榈油酸的天然植物油，其脂肪酸组成与人体皮脂相似，它的自稳定性高，不需添加抗氧化剂，对皮肤有较高的渗透性。

2 澳洲胡桃油含棕榈油酸，可保护细胞膜，从而延缓脂质体的过氧化作用；容易乳化，对多数化妆品用的油类具有高的分散系数；无毒安全，广泛应用于面部护肤、唇膏和婴儿制品及防晒制品中，防晒系数为3～4。

3 澳洲胡桃油含大量的维生素A、B、E，特别有助于皮肤的再生功能，让皮肤有良好的抵抗力并更加强健。维生素E是对抗自由基的最大细胞保护剂，而维生素B能影响体内多种的物质转换。

4 澳洲胡桃油适用于干性、老化肌肤，有助于加强肌肤的血液循环，可使肌肤柔软而有活力，能滋润、保湿及保护细胞膜，还能排除肌肤毒素。

5　澳洲胡桃油含皮肤形成油脂保护层所必备的营养素，最重要的是油性温和、不刺激皮肤；可做保湿霜，使肌肤柔软有活力，保护细胞膜及滋润、保湿；也可在身体护肤乳液中添加，增加润滑度和滋养度；延展性和渗透性良好。它对精油溶解度高，是很好的基础油。

6　澳洲胡桃油成分在护发产品中能有效对抗头皮屑和头皮脆弱的问题，它能让头皮的脱屑问题得到改善，并使头发柔顺丝滑。

7　澳洲胡桃油作为食用油，经常食用有防止为胃肠黏膜带来的过氧化脂质不良影响的作用。

❀ 澳洲胡桃油的使用建议

食用

澳洲胡桃油主要是油酸和棕榈油酸，不易氧化，因此可以加热烹调，具有坚果的浓郁风味，非常适合用来制作甜点、面包和糕点等，是备受欢迎的一种油。

皮肤和头发保养

制作香皂

用100%的澳洲胡桃油，就能制作出非常温和、使用感极佳的肥皂，建议用来洗脸或是受损头发。其颜色是很浅的、略带粉红的乳白色，香味是原本的坚果味。起泡力比橄榄油好，洗后感觉滋润，比橄榄油略为清爽柔和。若与其他油均衡混合，也能制作出极佳的肥皂，虽然无色，但只要使用整体油10%到20%的澳洲胡桃油，就能彻底发挥效果。

制作乳液或乳霜

澳洲胡桃油还非常适合用来制作乳液或乳霜，因其渗透力强，保湿效果绝佳，很容易被皮肤吸收，深受人们的喜爱。

按摩

澳洲胡桃油按摩有很好的柔软效果，因此适合做按摩底油。在做面部按摩油时，可以淡化皱纹。

小百科

市面上那么多坚果油，怎么区分？

很多人分不清澳洲胡桃油、澳洲坚果油、夏威夷坚果油、夏威夷果油等等一系列的油，名字听着就让人发晕，那该怎么区分呢？

澳洲胡桃油、夏威夷坚果油和澳洲坚果油以及昆士兰油都是一种油，只不过名称不一样，英文名是Macadamia Nut Oil。为什么明明是澳洲的植物，却与夏威夷有关呢？原来18世纪的移民者当初到澳洲后，在当地找到了一种适合人工培育的经济作物，然后移植到夏威夷，现在这种作物的主要产地就是夏威夷，因此叫作夏威夷坚果树，产出来的油也叫夏威夷坚果油。

夏威夷果油也叫夏威夷胡桃油，英文名是Kuku Nut Oil，是一种只有夏威夷才产的油脂，价格非常昂贵，而且很难买到手。它可以滋润皮肤，改善青春痘、湿疹等。夏威夷人都拿来治疗皮肤晒伤及干燥老人皮肤，做皂时只需要使用一点就有相当的效果。

澳洲胡桃油天然皂

材料

未精致的澳洲胡桃油350毫升，氢氧化钠49克，母乳冰块108克，黑香草精油7毫升，皂片适量。

做法

1.将母乳冰块放入不锈钢锅中，再将氢氧化钠分3～4次倒入，每次间隔30秒，同时需快速搅拌，让氢氧化钠完全溶解。

2.用温度计测量油脂与碱液的温度，二者皆在35℃度以下且温差在10℃以内，即可混合。

3.将油脂缓缓倒入碱液中，持续搅拌30～35分钟，直到皂液呈现微微浓稠状，试着在皂液表面画8字，若可看见字体痕迹，代表浓稠度已达标准。

4.加入精油搅拌300下，然后将皂液入模子，并将皂片直立放入点缀。

5.入模后约24小时即可脱模，并以线刀切皂。

6.切好后放回保丽龙箱3～7天，比较不会产生皂粉。

玫瑰籽油
Rose Hips Seed Oil

玫瑰籽油也被称为玫瑰果油，是一种生长在南美智利的野生玫瑰果实，经过特殊新科技方法提供、萃取浓缩而成的，不含任何化学成分、防腐剂的纯天然植物油。其主要成分由多种不饱和脂肪酸、维生素C、果酸、软硬酯酸、亚麻油及阳光过滤因子组成。

近几年才有人从它的种子中采集出油液，因为这种玫瑰一般只长在野生的篱笆上，所以采出来的油也称为野玫瑰油。它是南智利人数世纪的美肤法宝，从少男少女到稳重帅哥、成熟美女，想要让肌肤达到更完美的状态，就一定要知道玫瑰籽油。

玫瑰籽油的ID卡

油的颜色	偏棕色的黄色
口　感	淡淡的苦味
气　味	强烈的青草香
特　性	不油腻的（液态蜡）
成　分	亚麻油酸约40％，α－次亚麻油酸约35％，油酸约15％，饱和脂肪酸约3.5％，脂肪伴随物质约1％（其中包含全反式维生素A酸）
使用方法	少量食用
美肤的应用	适合皮肤外用

✿ 玫瑰籽油的主要作用

1 玫瑰籽油的油分结构相当独特，它的主要成分是由α－次亚麻油酸和亚麻油酸所组成。带有高单位不饱和脂肪酸的油脂，主要功能是维护细胞膜的运作功能，并且活化细胞组织并进一步达到肌肤再生的效果。

2 玫瑰籽油能快速被皮肤吸收，加速细胞新陈代谢，且不泛油光。还能帮助皮肤的微循环及维持皮肤角质生成的速度，能防止皮肤提早老化。

3 玫瑰籽油对因痤疮、手术、烧伤、水痘、伤口和切口导致的皮肤损伤疤痕都有效，强有力的细胞再生和伤口愈合功能有助皮肤的再生，替代疤痕组织。它能重新构造损坏的皮肤结构，还能改善皮肤的颜色和弹性。

4 玫瑰籽油能促进皮肤增生新细胞的能力，随着新的细胞代替老化的细胞，色素沉着的斑点就会逐渐减轻。玫瑰果油还能减轻由于妊娠导致的色素，修复晒伤皮肤，淡化黑斑雀斑，恢复嫩白面孔。

5 四五十岁皮肤所分泌的油脂比20多岁时减少了 10 倍，由于皮肤油脂分泌的减少和保湿功能的消失，就会导致干燥脱水以及皱纹的产生。玫瑰果油能恢复脂肪酸和水分之间的最佳平衡，重新保湿干燥的皮肤。

6 玫瑰籽油能恢复头发的光泽和自然柔性，有效改善被酊剂、染色剂、吹风、过度的日晒和其他不良环境物损害了的头发的质地和外观。

◉ 玫瑰籽油的使用建议

食用

　　每天一次，每次一滴，可加入500毫升的温开水搅匀吞服，也可以直接加入蜂蜜、牛奶、豆奶或果汁等搅匀后调温水50毫升服用，能够降低血压与胆固醇，促进血液循环及排除体内毒素等。

皮肤和头发保养

熏蒸

直接将适量的玫瑰籽油放到加湿机、香薰炉、蒸脸机或是烛台灯里面即可。

吸入

将10滴精纯玫瑰籽油滴入玻璃或瓷质的脸盆中，在头上罩上大毛巾将整个头部及脸部覆盖，用口、鼻交替做深呼吸，保持5～10分钟。

按摩

将2～3滴玫瑰籽油抹在有需要的皮肤上按摩数分钟即可，早晚各一次，之后就不需要用乳液了。有受损皮肤处，酌量增加使用，用中指环形按摩至吸收即可。

外敷

将5～8滴玫瑰籽油盖在皮肤上，让肌肤直接吸收。可促进淋巴循环，对减肥、塑身、排毒及疼痛的疗效极佳。

混合护肤品

将乳液或是面霜取适量于掌心，滴1～2滴玫瑰籽油，揉匀后涂于面部。或是将玫瑰籽油滴适量到爽肤水或润肤水中，每天使用。也可以用来当作面膜底油使用。

保养头发

将5～10滴玫瑰籽油与洗发水或是护发素混合，涂抹于头发上充分滋润5～10分钟，可达到增加头发光泽、修复发丝、平衡头发皮脂分泌的效果。

其他用法

口腔护理：将2～3滴玫瑰籽精油滴入一杯水中搅匀，漱口10秒钟，然后吐出，重复至整杯水用完，可保持口气清新、护理牙齿、减少喉炎。

消毒：与水放入喷雾瓶中，随时喷洒在床、衣服、家具、书窗、地毯、宠物身上，可起到消毒除菌的作用。

玫瑰籽油小tips

玫瑰籽油使用冷压法取出的油液，因为含有大量的高度不饱和脂肪酸，所以无法长期保存。为了让它不会这么快就被氧化，内部的养分不会这么快就流失，玫瑰籽油一般都是被制成胶囊来保存。

❀ 玫瑰籽油使用的注意事项

1. 玫瑰籽油不是玫瑰精油，购买的时候要买纯的玫瑰籽油，因为活性成分浓度比复合产品的浓度高。

2. 如果必须使用面霜或者乳液，请确保玫瑰籽油排在成分表的第一位或者第二位。一些实验证明，15%～20%的玫瑰籽油才能够起到作用。

3. 购买玫瑰籽油要注意选购经典品牌，或是选购一些护肤油中含有玫瑰籽油成分的。注意，一定要在成分表中排名靠前的才有效果。

玫瑰护手霜

材料

玫瑰籽油10毫升，精制乳木果油10克，未精制黄蜂蜡6克，榛果油4滴，橄榄乳化蜡7～8克，玫瑰纯露65毫升，甘油5毫升，天竺葵精油10滴。

做法

1.将玫瑰籽油、乳木果油、蜂蜡、榛果油、橄榄乳化蜡和玫瑰纯露以及甘油一起加热至70度～80度混合。

2.用迷你搅拌器搅拌至奶油状，冷却。

3.待冷却后加入天竺葵精油混合均匀即可。

作用： 滋养的玫瑰籽油和乳木果油含有丰富的维生素E，可以有效保湿。质地轻盈顺滑的护手霜，涂抹后可令双手柔嫩细致，有效改善干燥粗糙的皮肤。

乳木果油
Shea Butter

乳木果油也叫乳油木、雪亚脂、乳木果等，是从乳油木的果实中提取的。乳油木果实与杏桃差不多，核仁约半个大小，乳木果油的油脂正是从这个种子中取得的。4厘米左右的绿色坚果含有约50%的脂质。

对于西非国家的人民而言，乳木果油是皮肤保养、伤口愈合以及皮肤问题治疗上最重要的药剂。黄绿色的乳木果油原脂带着一股独特的气味，所以通常取出的油脂还需进一步除臭。

乳木果油的ID卡	
口　感	强烈
气　味	原脂有强烈的味道，去味后较为温和
特　性	固态状，有颗粒感，奶油般固稠，特有的黏性质脂
成　分	油酸49%、亚麻油酸约5%、不饱和脂肪酸约45%、脂肪伴随物质4%～10%（其中三萜烯醇约75%，其他是维生素E、维生素A前驱物质及尿囊素）
使用方法	不可内服
美肤的应用	只能外用，因为它的蜡质人体无法代谢

❀ 乳木果油的主要作用

1 乳木果油是保养皮肤方面的奢侈品。与其他植物油或植物脂相比，乳木果油中含有最高比例的脂肪伴随物质，特别是三萜烯醇的含量令人惊叹，能够在皮肤表面形成锁水膜，防止水流失，使皮肤柔顺光滑，同时保护皮肤免受细菌的侵害。

2 乳木果油与人体皮脂分泌油脂的各项指标较为接近，蕴含丰富的非皂化成分，易于吸收，能防止干燥开裂，恢复并保持肌肤的自然弹性。

3 纯乳木果油，质地柔润幼滑，是最有效的天然保湿品，能促进细胞再生和修复皮肤水膜，可以柔嫩舒缓皮肤。直接提炼自非洲乳木果树的果实，100%纯净天然，绝无添加剂，适合任何肌肤使用，包括儿童。

4 乳木果油富含维生素E、维生素A前驱物质，前者是表皮层的细胞保护剂，后者能维持正常的皮肤角质化。也就是说：硬化或是角质化的皮肤会变得柔软，对于皮肤较薄的人则能刺激他们的皮肤角质化，让肌肤具有强硬的抵抗力。

5 ▶ 在皮肤有伤口或是出现发炎情况的时候，乳木果油还有帮助伤口愈合的功效。此外，乳木果油对于皮肤真皮层的骨胶原也有正面帮助，能避免皮肤老化的现象及皱纹的产生。

❀ 乳木果油的使用建议

皮肤和头发保养

DIY护肤品

对于护肤品成分控来说，乳木果油让人放心：有机、自然、无刺激。护肤品DIY狂人最喜欢用的原料就是乳木果油、芝麻油、葵花油、芦荟和新鲜果汁。

作为发蜡

有了乳木果油就不需要购买发蜡了，如果你拥有一头卷发，可以在指尖抹上乳木果油，涂在头发尾端，给发型定型并滋润发尾。

做体毛润滑膏

有些脱毛霜含乳木果油，作用是保护皮肤不受脱毛过程的刺激。用剃毛刀脱毛时，可先在脱毛区涂抹乳木果油，当成剃刀润滑膏。男士也可用乳木果油代替剃须膏。

修复皮肤发炎

冬天气温寒冷，脸暴露在冷风中容易冻伤发炎发红，尤其是干性皮肤。涂抹乳木果油，可以迅速镇静和修复受损的皮肤。

浴后护肤

天然的乳木果油是膏状，使用时挖出适量于掌心融化，然后抹在身上易干燥的部位，如双腿、手肘、胸口等。晚上沐浴后用乳木果油润肤，第二天全身皮肤光滑如脂。

制作手工香皂

　　乳木果油可以制作出质地较硬、泡沫像乳霜一样绵密的手工皂，保湿度极佳，还具有防晒效果，可强化皮肤免疫能力，而且洗感温和，婴儿、中干性、敏感性及晒后肌肤皆可使用。也可用于洗发皂中，颜色灰偏黄，有较浓的果香。未精致的乳木果油比精制的乳木果油更适合做皂，建议添加10%~20%。

⊛ 乳木果油的市场应用

　　乳油木在非洲较易存活，乳木果油也在非洲比较普遍。但由于无法提供原产地证书和有机认证，国内无法进行乳木果油进口，各大电商或市场上销售的产品多是私自发运。

　　虽然乳木果油在国内市场还处于待开发培育阶段，但是其在国际市场上的应用已经非常成熟，从种植、销售、粗加工到细加工，形成了庞大的产业链。需求决定供给，乳木果油90%都供应给了世界各大化妆品企业，例如国际知名化妆品企业巴黎欧莱雅、倍婴美、DHC、The body shop等等。

　　由于乳油木必须等20年才能开花，50年才能结果，虽然树龄可达300年，但时间限制让它不可能成为计划性栽种植物，所以就目前而言，几乎所有的乳油木果树都是野生的。这也是为什么不能大量生产的原因，因此其价格也较为昂贵。

⊛ 疑问解答

Q：乳木果油都有哪些颜色？哪种最好？

A：

乳木果油的正常颜色随着加工方法的不同而有所变化。最好的方法就是物理冷榨法，最大限度地保持油中成分的活性，颜色为象牙色。而在水中采用kneading加工方式提取的乳木果油水分含量很高，颜色就会变成白色，这样比较容易腐败变质。还有一种传统方法，通过烘烤–压碎–煮沸粉末直至乳木果油出来的方式提取，这种方式出来的乳木果油颜色很深，但是增加了自由基，所以并不健康。

Q：乳木果油坏了后是什么样子的？

A：

乳木果油坏了在专业术语里面也叫酸败，味道会变得异常刺鼻，有那种所谓的哈喇味，色泽也变得不匀，对皮肤也没有什么功效了。

数千年以来，甜杏仁油在亚洲一直被视为重要的珍品。在上古时代，甜杏仁油就已经是美容保养方面的最佳畅销品。它通常是从两种不同的杏仁中提取的：一种是甜杏，另一种则是苦杏。它们的不同处在于苦杏仁苷含量的多寡。苦杏仁苷是造成核果带苦味的来源，此外还极具毒性，因为它会转变成氢氰酸。通常冷压取出的甜杏仁油是同时从干净的甜杏和苦杏中取得，但是有干净的甜杏中不带氢氰酸的物质，因此在购买的时候一定要鉴别清楚，不要与苦杏仁油混淆。

甜杏仁油的ID卡

油的颜色	淡白色至黄色
口　感	坚果味
气　味	略带油气
特　性	不干涩
成　分	油酸约80%，亚麻油酸15%～20%，饱和脂肪酸1%～1.5%（主要以α-生育酚为主）
使用方法	外用或内服均可，冷压油液不得高温加热
美肤的应用	主要作为基础油使用

❀ 甜杏仁油的主要作用

1 甜杏仁油与杏桃仁油的脂肪酸结构很相似，都含有超高的生育酚。而甜杏仁油最主要的成分是α-生育酚，是一种强化版的维生素E活性分子，所以具有极佳的护肤效果。

2 甜杏仁油是来自大自然的美容圣品，因为含有大量的油酸成分，能使皮肤光滑细致。它再加上它能够降低刺激感，具有保护和滋润的特性，也就特别适合干燥的皮肤使用。

3 甜杏仁油富含矿物质、蛋白质及各种维生素，滋润效果极佳，适合各种肤质。它能有效减轻皮肤发痒现象，消除红肿、干燥和发炎；可刺激内分泌系统的脑下垂腺、胸腺和肾上腺，促进细胞更新。

4 甜杏仁油可加强细胞带氧功能，消除疲劳与碳酸累积，对于运动过度引起的肌肉疼痛具有镇痛及减轻刺激的作用；可刺激内分泌系统的脑下垂体、胸腺和肾上腺，促进细胞更新。

5 甜杏仁油也特别适合敏感性的皮肤，使得它成为最常见的按摩油或是芳香疗法中的基底油，不论是小婴儿还是熟龄肌肤都没有使用上的顾虑。

6 甜杏仁油还有防晒的作用，能够过滤紫外线。在基础油中，防晒功能最好的是鳄梨油，但是质地浓厚，不适合直接涂抹，而甜杏仁就要好很多，但是并不意味着它就可以完全替代防晒产品。如果只涂抹甜杏仁油而不涂抹防晒产品，还是可能会被晒黑和晒伤的。

❀ 甜杏仁油的使用建议

使用方法

可直接涂抹单独使用，或在10毫升甜杏仁油中添加5~6滴纯植物精油。

可100%浓度单独使用，或在10毫升此基础油中添加2~3滴纯植物精油。

可单独使用，沐浴后使用效果更佳。

皮肤保养

增加弹性防止老化

甜杏仁油10毫升＋檀香/玫瑰/依兰/橙花/天竺葵精油2~5滴

美白肌肤

甜杏仁油10毫升＋柠檬/葡萄柚/玫瑰精油2~5滴

身体按摩

治疗风湿性关节炎	治疗静脉曲张	放松肌肉	舒解精神
甜杏仁油10毫升＋尤加利/薰衣草/迷迭香/罗勒/薄荷精油2~5滴	甜杏仁油30毫升＋薰衣草/天竺葵/佛手柑/柠檬精油2~5滴	甜杏仁油10毫升＋迷迭香/薄荷/鼠尾草/松树精油2~5滴	甜杏仁油10毫升＋薰衣草/洋甘菊/玫瑰/茉莉/橙花精油2~5滴

其他使用方法

头发保养：甜杏仁油5毫升＋薰衣草/天竺葵/迷迭香精油3～4滴。调配好后，每次洗头后按摩头发，可预防掉发和头发稀疏问题。

制作手工皂：甜杏仁油非常适合用来制作香皂，甜杏仁油皂泡沫的触感细腻滋润，具有丰富的保湿力。

甜杏仁油使用tips

甜杏仁油比较滋润，对于混合型偏油、油性皮肤来说并不适合单独使用，通常要搭配其他比较清爽的油脂，因为如果大量使用太滋润的油脂是很容易导致粉刺产生的。但是并没有绝对，有些人对它不会有反应，对葡萄籽这样比较轻薄的油反而会长痘痘。所以，还是需要自己测试一下是否有反应才行。

甜杏仁保湿面霜

美容功效：适合各种肌肤，包括敏感肌肤。能够保湿、滋润肌肤，使肌肤柔软细致。

（ 材 料 ）

甜杏仁油10毫升，简易乳化剂1毫升，甘油5毫升，水85毫升，抗菌剂0.2～1毫升

（ 工 具 ）

空杯1只，搅拌棒1根，测温计1支，消毒酒精

（ 做 法 ）

1.将所有用具用酒精消毒后自然晾干。

2.将甜杏仁油、甘油、水和简易乳化剂放入干净的杯中加热到70～75℃，搅拌均匀。

3.待温度冷却到40℃，加入抗菌剂，摇晃均匀即可。

保存期限：最好一年内用完，放置于阴凉处，避免阳光直射。

摩洛哥坚果油是一种功能完美的植物油，又称阿甘油，它由生长在沙漠边缘的阿甘树的坚果压制而成。自古摩洛哥坚果油就被称为"美容的妙药"，是摩洛哥妇女保持美丽肌肤的秘密。

近年研究发现它的许多独特的化学成分，使其成为一种对付各种皮肤和头发问题的美容珍宝！从此摩洛哥坚果油一直吸引着外界不断地关注，欧美国家每年都从摩洛哥进口大量的摩洛哥坚果油，它已经在世界范围内被公认为"液体黄金"，并成为一种可靠的纯天然护肤品。

摩洛哥坚果油的ID卡

油的颜色	偏黄的橘色
口　感	温和
气　味	浓郁的坚果香气
特　性	稳固的、在室温下难以成形的脂肪形态；结构为稳固且类似牛油般的密度
成　分	油酸38%～48%，亚麻油酸30%～40%，饱和脂肪酸15%～23%，脂肪伴随物1%～1.5%（以生育酚为主，其余为植物固醇、三萜烯、生化鲨烯及酚类）
使用方法	内服和外用均可
美肤的应用	可用于护肤、美发

❀ 摩洛哥坚果油的主要作用

1 摩洛哥坚果油含80%的不饱和脂肪酸（油酸、亚油酸）。饮食中缺乏这些会使头发和皮肤干燥、失去光泽和指甲脆弱。摩洛哥坚果油中含有0.8%的植物固醇，能减轻炎症，支持细胞更新，有助于保持水分。

2 摩洛哥坚果油是保护身体抵御外在环境的刺激因子华丽的护肤油，能对抗大气中阳光的有害照射线，只因含大量的α-生育酚。

3 摩洛哥坚果油中还含少见珍贵的植物固醇成分，研究人员推论，摩洛哥坚果油可能可以保护肌肤免受有害阳光的辐射伤害，并且它的效果就像皮肤的防护剂，能够减低皮肤癌的发生。

4 摩洛哥坚果油中含有丰富的维生素E和抗氧化剂。这些成分有助于保护身体的组织免受自由基损害，自由基会导致外表的衰老迹象。另外，含有的皂甙和三萜类化合物能促进愈合和保湿。

5 摩洛哥坚果油也很适合帮助神经性皮炎的患者（尤其是搭配椰子油使用）。由于皮肤角质防护层受到干扰而失调所造成的干性粗糙的皮肤，也会变得较顺滑，发炎和发痒刺激的现象亦能得到舒缓，对于牛皮癣等皮肤问题的治疗效果也很好。

6 摩洛哥坚果油最好的用途是头发护理，价格虽然昂贵，但效果非常显著，许多头发问题如干燥、缺乏光泽和卷曲通过使用这种神奇的油都能得到有效的解决，这不仅仅是因为摩洛哥坚果油含有比芦荟和橄榄油更多的维生素E，更因它也富含Omega-3 和 Omega-9等不饱和脂肪酸。

7 摩洛哥坚果油富含的甾醇、多酚、角鲨烯和维生素E在防治冻疮、皮肤开裂、皮肤疾病和其他皮肤问题上有良好的效果。

✺ 摩洛哥坚果油的使用建议

内服

摩洛哥坚果油可以作为食用油，摩洛哥当地乡村的人们会食用这种油，通常会混合橄榄油或其他植物油食用，具有非常美妙的坚果风味。将几滴摩洛哥坚果油用来做菜或放在沙拉里也是非常棒的，有研究报告表示能够减肥、改善肝机能和帮助消化系统等。

皮肤护理

洁肤后，涂抹在脸部按摩，可减少炎症、抚慰皮肤刺激和干燥，还能缓解和促进愈合粉刺、酒糟鼻、湿疹和蚊虫叮咬。还可直接取代洁面油、润肤霜、治疗痤疮和抗衰的精华。

添加2～3滴摩洛哥坚果油与适量沐浴露混合，沐浴时使用，可滋润肌肤。

秋天时，还可以直接将摩洛哥坚果油涂抹在嘴唇上，有很好的滋润效果。

化妆的时候，涂完粉底后感觉脸有点干，或是感觉有点厚的话，滴1～2滴摩洛哥坚果油在手心搓热，在脸上按压一遍，粉底瞬间就会和肌肤融合在一起，非常贴也非常润。

头发护理

‖ **搭配洗发水使用** ‖ 洗头时加入2～3滴摩洛哥坚果油与洗发露混合，建议用深层清洁类型的洗发水能够更好地发挥效果，轻轻按摩5分钟，洗完后头发会更柔、更顺、更亮。

‖ **单独使用** ‖ 头发干枯时滴2～3滴摩洛哥坚果油，均匀抹于头发上，或是受损的发尾上，能够立即改善头发干枯打结现象，有效改善分叉。

‖ **抗热打底** ‖ 在吹风或卷发棒前使用，能起到隔热的作用，让头发的伤害程度降到最低！

‖ **防晒使用** ‖ 在游泳时或是阳光充足的地方抹几滴摩洛哥坚果油在头发上，可以减少紫外线对发质的伤害。

‖ **配合发膜使用** ‖ 做发膜时加入3滴左右的摩洛哥坚果油与发膜拌匀，做完后发膜的吸收效果成倍增加。

指甲护理

取1～2滴柠檬汁＋1～2滴摩洛哥坚果油混合搅拌，睡前涂抹在指甲上即可，能够缓解指甲脆弱，让指甲强韧，散发健康的色泽。

小百科：极其珍贵的摩洛哥坚果油

摩洛哥坚果油仅仅产于摩洛哥南部地区，每年的6到8月，是摩洛哥坚果成熟的季节，由于不能用长杆将果实从树上打落，只能等它们自然成熟后掉落。然后当地的柏柏尔人收集后风干，第二年便可获取果仁。

摩洛哥坚果油的生产过程非常复杂，工序繁多，现今仍然是以人工加工为主，生产1升的摩洛哥坚果油要耗去大量的劳动力，据说要花费一天半的时间。因为过程中劳动量最大的就是将坚果壳去掉，这项工序必须经过人工用手来完成，用石头敲开足够多的果壳就要花费12小时之多！

一瓶60毫升的摩洛哥坚果油，需要近500颗摩洛哥坚果仁方能榨取，非常珍贵。

榛果除了含68%的油脂外，还含蛋白质、天然水化合物以及维生素，几千年来是名副其实的早餐谷物中的关键"人物"。

从榛果中提取的榛果油口感细腻独特，清香纯郁，又带坚果的香味，给皮肤和灵魂以极致的感受。市面上的榛果油分食用的和添加在化妆品内的。用于化妆品和其他产品的油通常都是经过加工的，颜色较浅，所使用的原始原料也不一样，较食用级差；而烹调用油，通常是使用烘焙过的榛果以加强口味。

榛果油的ID卡

油的颜色	清透的淡黄色
口　感	细腻独特
气　味	宜人的坚果香味
特　性	不干涩
成　分	油酸78%～90%，亚麻油酸3%～14%，饱和脂肪酸3%～8%，脂肪伴随物质0.5%～0.7%（特别是维生素及芳香分子）
使用方法	外用或内服皆可
美肤的应用	调和紧绷皮肤，帮助皮肤稳定和增强弹性

❀ 榛果油的主要作用

1 榛果油是理想的护肤油，与甜杏仁油相似，油分中含大量的油酸，格外适合作为按摩油使用，在芳香疗法中是相当受欢迎的基底油。用榛果油按摩后，不但全身清爽，而且每一寸肌肤、每一个毛孔都有感觉。

2 榛果油适合各种肤质，有轻微的收敛性、调和性、能快速被吸收，可用作油性、混合性皮肤及调理粉刺的基础油，帮助皮肤保持稳定和弹性。

3 榛果油能强化微血管，刺激细胞再生，刺激循环，还含维生素A、B和E，能渗透表皮层且不会在皮肤表面留下油污，具有软化滋润的作用。

4 榛果油具有肌肤重建的作用，可添加在肤质保养品如身体乳、护手霜、清洁乳液、防晒油、按摩油和沐浴乳中，能有效防止肌肤水分流失。

5 榛果油能够使敏感性肌肤和婴儿的皮肤光滑柔软，与芝麻油搭配使用，加上一点金盏花浸泡油，是非常棒的日晒后护肤油。

❀ 榛果油的使用建议

口服

　　冷压法萃取出的榛果油，气味芳香怡人，是为料理加分的珍贵秘方。在沙拉、蔬菜料理、核果蛋糕以及小烤饼中加入榛果油，能够增添食物精致的风味。

皮肤护理

‖**制成手工皂**‖榛果油具有优异持久的保湿力，起泡度较少，适合与小麦胚芽油、橄榄油一起搭配使用，制作成冬天用皂，也是很好的保存方法。

‖**按摩配方**‖榛果油10毫升＋乳香精油1滴＋德国洋甘菊精油1滴＋薰衣草精油1滴＋天竺精油葵1滴＋玫瑰精油1滴，这款配方非常适合中性皮肤使用。

榛果油使用小tips

　　榛果油属于软性油脂，对老化肌肤有益，它能够活化肌肤，质地清爽，气泡度较少。由于它优异持久的保湿力，榛果油成为植物油中的佼佼者，但是保存期限短，开封后请放入冰箱冷藏保存，以免变质。

小百科：榛果油的入皂性能大揭秘

榛果油是很有名的入皂油，做出来的肥皂有一定的硬度，只要15%的用量就会有它的功效。建议用量在72%以下，避免手工皂过于软烂，不易定形。但是用100%的榛果油做出来的皂，使用感极佳，有兴趣的可以尝试一下。

用榛果油制成的香皂洗后的感觉如下：
洗头：柔滑，可以梳开。
洗脸：不紧绷，和美国药妆品牌Cerave的感觉差不多。
清洁力：够清洁力。
溶解度：中等。
泡沫：温水下很多中等泡泡。
硬度：较硬。
稳定性：放一个夏天，发现外圈泛黄且有油脂氧化的味道。

种植杏桃树的历史已经有5 000多年了，杏桃树的树形多姿，花型娇艳，果实长得小小胖胖的，宛如女性的丰臀。16世纪的中亚药草学文献上所记载的爱情灵药或符咒，其中的成分一定有杏桃仁，还有许多爱情故事也与杏桃有关。

一直以来，人们从这种植物的种子中榨取油液，其油液带着些许的杏仁糖泥香味。以前在热带地区，杏桃仁油可是蔚为风行的护肤美容用品。

杏桃仁油的ID卡

油的颜色	淡黄色
口 感	温和清爽
气 味	带淡淡的杏泥糖香
特 性	非干性
成 分	油酸65%～70%，亚麻油酸20%，饱和脂肪酸9%，脂肪伴随物质1%～2%（大部分是γ-生育酚、维生素A、矿物质）
使用方法	以外用为主
美肤的应用	脸部和全身皆可用

❀ 杏桃仁油的主要作用

1 杏桃仁油容易保存且油质不干涩。它的油脂富含大量的不饱和脂肪酸（尤其是油酸），十分适合作为保养用油或是按摩油。

2 杏桃仁油的油液特性和油分结构与甜杏仁相近，除了脂肪酸外，更富含了γ-生育酚，具有极佳的保养滋润效果。而甜杏仁油与杏桃仁油的区别是：甜杏仁油几乎只含有α-生育酚。

3 杏桃仁油易吸收，能活化皮肤物质代谢及锁住皮肤水分，适合所有肤质，能穿透皮肤，无油腻感，并能滋润改善敏感肌和干性肤质的脱屑和瘙痒。

4 杏桃仁油合适不同人群的肤质，幼儿与老人的皮肤也能从杏桃仁油中得到很大的滋润。

5 杏桃仁油经常当作基底油来稀释精油，做芳香按摩以及美容。同时杏桃仁油还是多功能基底油，可以单独稀释精油，又可以和其他一些特殊的基底油调和后一起稀释精油，如鳄梨油、荷荷芭油、小麦胚芽油等。

❀ 杏桃仁（籽）油的使用建议

皮肤保养

直接在背部、四肢等处滴3～5滴杏桃仁油，轻轻按摩，待吸收后再重复1次，然后再进行后续的保养。

在所有护理步骤结束后，在掌心滴1滴杏桃仁油，双掌搓温热，待均匀分布在手掌后，在脸部轻按至吸收。

洗澡后，擦干身上水分，滴3～5滴杏桃仁油于手掌心，涂抹在身上的干燥处，稍加按摩可滋润肌肤。

将5～10滴杏桃仁油滴在化妆棉上，擦拭脸上的妆容，就可以当卸妆产品使用。

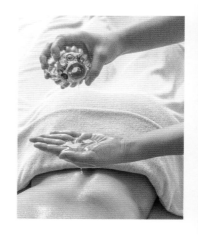

调配精油

‖ 适合成熟皮肤 ‖

杏桃仁油2毫升＋葡萄籽油1毫升＋月见草油1毫升＋橙花油2滴＋玫瑰精油2滴＋迷迭香精油1滴

杏桃仁油2毫升＋葡萄籽油1毫升＋月见草油1毫升＋玫瑰精油2滴＋乳香精油2滴＋薰衣草精油1滴

‖ 适合干燥缺水的皮肤 ‖

杏桃仁油2毫升＋甜杏仁油2毫升＋荷荷芭油1毫升＋罗勒精油2滴＋香橙精油2滴＋迷迭香精油1滴

杏桃仁油2毫升＋甜杏仁油2毫升＋荷荷芭油1毫升＋罗勒精油2滴＋茉莉精油2滴＋玫瑰精油1滴

‖ 适合敏感皮肤 ‖

杏桃仁油2毫升＋甜杏仁油2毫升＋紫苏籽油1毫升＋甘菊精油2滴＋薰衣草精油2滴＋檀香木精油1滴

‖ 适合油性有暗疮的皮肤 ‖

杏桃仁油2毫升＋葡萄籽油2毫升＋甜杏仁油1毫升＋依兰精油2滴＋香橙精油2滴＋佛手柑精油1滴

制作香皂

杏桃仁油和甜杏仁油一样，都可以用来制作手工皂，功效也和甜杏仁油一样，但是更胜一筹且泡沫蓬松，深受爱美人士的喜爱。

PART
4

吃油还能
保健养生

我们每天都要吃油，但是你有没有想过，油也会成为备受推崇的保健品吗？

这些油可不是我们常说的花生油、调和油、大豆油和葵花籽油，而是兼具食用与药用的沙棘油、石榴籽油、月见草油和黑种草油等。

这些珍贵的油提取不易，原材料来之不易，因而价格较为昂贵。它们常常被制成胶囊，被追求健康的人们买来食用。

沙棘是地球上最古老的植物之一，可以在极其严酷的气候条件下存活，也能在气候温和的地区生长。沙棘果实的含油率为1.5%，也是罕见的果皮、果肉和种籽都含有油的果实。

由于提取的方式不同，沙棘油分为沙棘果油和沙棘籽油，这两种油的结构、稳定性及效用都各具特色。市场上面只看到写着"沙棘油"的产品，意味着该油混合了沙棘果肉油和沙棘籽油。

沙棘籽油是从沙棘种子里用二氧化碳超临界萃取技术提取出来的带有沙棘籽油独特气味的金黄色油状物，对于提高人体免疫力、保护肝脏、美白方面效果明显。

沙棘油（籽）的ID卡	
油的颜色	橘黄色
口　感	中性
气　味	略带坚果香
特　性	极干涩
成　分	α-次亚麻酸29%～37%、亚麻油酸33%、油酸17%、α-次亚麻油酸、饱和脂肪酸12%、脂肪伴随物质（特别是胡萝卜素以及生育酚这两种成分）
使用方法	内服和外用均可
养生保健的应用	抗氧化、抗疲劳、护肝、降血脂等

✺ 沙棘籽油的主要作用

1 沙棘籽油中丰富的亚麻酸和亚油酸等通过脂蛋白送到血管中，可溶解血管壁上的脂质和血管壁沉积物，降低血脂，软化血管。

2 沙棘籽油中的总黄酮等生物活性成分对免疫系统的多环节具有不同程度的调节能力，可以调节甲状腺功能，使甲状腺功能亢进恢复正常。

3 沙棘籽油中的生物活性成分5-羟色胺能促进癌细胞退化，阻断致癌因素，因其吞噬咀嚼癌细胞的功能，可减轻放疗及化疗的毒副作用，促进癌症患者康复，特别对胃癌、食道癌、直肠癌、肝癌等癌症效果明显。

4 沙棘籽油中含有的苹果酸、草酸等有机酸，具有缓解抗生素和其他药物毒作用的功效。因为沙棘中含有的软磷脂等脂类化合物是一种生物活性较高的成分，可以促进细胞代谢，改善肝功能，抗脂肪肝、肝硬化等。

5　沙棘籽油含有多种氨基酸、微生物、微量元素和不饱和脂肪酸（EPA、DHA），对儿童的智力发育及身体生长均有很好的促进作用。

6　沙棘果的维生素C含量居一切水果、蔬菜之首。维生素C是天然的体内美白剂，能有效地抑制皮肤上异常色素的沉淀，减少黑素的形成。取自沙棘果精华的沙棘籽油，也含有丰富的维生素C，美白肌肤的效果很强。

7　沙棘籽油在传统医学理论中就具有止咳平喘、理肺化痰的作用，对慢性咽炎、支气管炎、咽喉肿痛、哮喘、咳嗽多痰等呼吸道系统疾病均有很好的作用。

❀ 与沙棘籽油同源的沙棘果油

沙棘果油与沙棘籽油一样，都是从沙棘果中提取出来的。它是以优质精选的沙棘果为原料，经过榨汁、高速离心分离、板框压滤等工艺而制得的棕红色、澄清透明的油状液体，具有沙棘果实特有的芳香气味。

主要成分

沙棘果油与沙棘籽油的成分不同，由棕榈酸、棕榈油烯酸、油酸、亚麻油酸、α-次亚麻油酸等多种有益脂肪酸组成，其中不饱和脂肪酸高达70%。沙棘果油中还含胡萝卜素、维生素E以及多种微量元素，人体不可缺少的维生素A、硒、镁、锌、铁、锰的含量亦极高。同时，沙棘果油中的生育酚含量是沙棘籽油的10倍，所以没有沙棘籽油那么油。此外，沙棘中少量的植物甾醇、儿茶素类、黄酮类化物等在制油的过程中也会聚集在沙棘果油中，这些活性物质多为人体细胞组成和维持生命活动不可缺少的物质，产于机体的生理活动的各个环节。

主要作用

沙棘果油的营养成分使得它成为理想的营养保健产品和临床应用药品。经过大量的实践证明，沙棘果油具有营养、保健和治疗的功效，在心血管系统、消化系统及美容方面都具有显著的效果，能够很好地改善和治疗各种系统的相关疾病。

沙棘果油具体可应用在心血管疾病方面，可改善冠心病、心绞痛和减低脂质等；免疫系统方面可提高机体免疫力，促进造血功能；消化系统方面，适用于胃炎、胃溃疡患者等；还可用于美容领域，能有效去除面部色斑、皱纹，有美白滋润、祛斑除皱的作用。

⊛ 沙棘籽油与沙棘果油的区别

从来源上看，沙棘籽油是从沙棘种子里经二氧化碳超临界萃取技术提取出来的，而沙棘果油是从沙棘的果皮、果肉里提取出来的。

从功能上说，沙棘籽油的主要功能为保护肝脏、提高免疫力、美白等；而沙棘果油则是改善肠胃、预防心血管疾病、消炎杀菌等。

从价格上看，沙棘籽油因种子所占沙棘果的比例少并且出油率低等原因，所以价格要比沙棘果油贵一些。

从颜色上看，沙棘籽油的颜色是橘黄色，沙棘果油的颜色则是较深的橘色，从表面就能很容易辨别出来。因为颜色不一样，所以加工而成的胶囊颜色也不一样，沙棘籽油胶囊颜色呈金黄色，沙棘果油胶囊呈棕红色。

⊛ 沙棘油的使用建议

外用

1 烫伤后，直接涂抹外用，效果很好。

2 皮肤有伤口，涂在伤处，能止痛消炎，浴后无疤痕。

3 有青春痘、色斑等皮肤苦恼的，可直接涂抹在痘痘或色斑处，效果超好。

4 口腔溃疡时，一次一滴，每日3～4次，连续2～3天就能好。

5 痔疮感染后，先清洗后涂抹在患处，止痛进而2～3天会好。

6 干性皮肤者，每天两次外用涂抹，皮肤会有很大改善。

适用人群

1 高血脂、管性病等心脑血管疾病的人；

2 慢性胃肠疾病的人；

3 体质弱、免疫力低下的人；

4 长期接触电脑等有辐射的人；

5 用于外伤创面修复的人；

6 记忆力下降、老年痴呆的人；

7 用眼过度引起的视疲劳、老年性眼花、视力模糊等人群。

石榴籽油
Pomegranate Seed Oil

石榴籽油的提取是低温萃取，把石榴籽原料经过前处理后进入低温萃取系统，得到石榴籽毛油，再经过精炼就可以得到高品质的石榴籽油。

石榴籽油是一种异常滋润和营养的油。几千年来石榴籽油在地中海地区一直被当作传统治疗术中最主要的治疗用油。现在，石榴籽油由于其特有的保健功效已经被广泛地运用于医疗和美容化妆领域，均可内服外敷。

石榴籽油的ID卡

油的颜色	淡黄色
口 感	强烈
气 味	独特的香气
特 性	十分干涩
成 分	石榴酸约68%，油酸约11%，亚麻油酸约10%，饱和脂肪酸15%，脂肪伴随物质（植物激素、多种维生素、类黄酮、矿物质）
使用方法	可外用或内服
养生保健的应用	治疗癌症、肥胖、糖尿病、心脏病和护肤等

❀ 石榴籽油的主要作用

1 石榴籽油最主要的特点是含超过68%的石榴酸。石榴酸是Omega-3型高度不饱和脂肪酸，是补充人体缺乏的Omega-3不饱和脂肪酸最理想的成分。它能帮助降低胆固醇和增强免疫系统功能，还能全方面抗氧化、保护心脏功能，预防多种癌症和皮肤癌、动脉硬化及防治提早老化。

2 石榴籽油还含植物激素17α-雌二醇，这是一种很强的抗氧化物质，对激素有很强的调节作用。且石榴籽油中的17α-雌二醇与会致癌的17β-雌二醇（自体生成的雌激素）不同，因此可用于雌激素失衡引起的恶性肿瘤疾病。

3 石榴籽油具有强大的调理激素功效，调节的不只是性激素，还可调节甲状腺及压力激素，还有助于舒缓情绪低落及心灵上的不适应和极端现象。

4 石榴籽油中的石榴酸能够增加棕色脂细胞线粒活体性，以消耗体内过多热量，因而具有减肥的作用。

5 石榴籽油含石榴酸和多种维生素，可抑制细菌生长，促进皮肤细胞的新陈代谢，增强细胞的活力，调节脂肪代谢，促进脂肪代谢障碍所致的有毒物质通过皮肤排泄，并有排除体内毒素和清除肠毒素等作用。

6 石榴籽油富含抗氧化物、石榴酸和鞣花酸，能对抗自由基，可用于湿润、修复和保护有干燥龟裂、炎症、湿疹问题的肌肤，使其恢复弹性。

◉ 石榴籽油的使用建议

外用

每天睡前1～2滴用作眼周按摩，能够淡化细纹、黑眼圈，改善眼周肌肤弹性问题。

每天睡前取适量石榴籽油涂抹，并按摩色素沉淀地区，可帮助淡化晒斑和色素沉淀。

石榴籽油还能用来手工DIY香皂，只需要添加少量就能达到很好的效果。

涂抹面霜或润肤乳的时候，滴入1～2滴石榴籽油，搓均匀后涂抹于脸部或是身体任何需要的部位，能够营养肌肤、保持皮肤湿润、提高皮肤弹力。

对于一些做过阴道手术或是照射治疗的女性朋友，可以将石榴籽油、月见草油和黑醋栗籽油混合使用，能够让松弛的阴道壁再度恢复原有的弹性和健康。

搭配甜杏仁油、杏桃仁油、葡萄籽油、葵花籽油、玫瑰籽油等调配面部精华油时，每10毫升滴入5滴石榴籽油，能够加强抗氧化和保湿能力。

口服

　　市面上的口服石榴籽油一般是制成胶囊状出售，因为非常容易氧化。食用时只需早晚各两粒，对高血压、高血脂及糖尿病有特效，是保护心脏的最有力的助手。

石榴籽油使用tips

1 在直接使用冷榨石榴籽油当护肤品时，涂抹在脸上的石榴籽油可能在接触冷空气后，会很快形成一层薄膜。如果涂抹太多，皮肤上会有轻微的结膜，甚至会有粉状物出现，这都是正常的现象，用洗面奶清洗即可。

2 石榴籽油是开瓶后，使用的期限就会所缩短，请尽量在3个月内用完。每次使用完后，请用纸巾擦去瓶口多余的油，防止其加速氧化。

3 植物精油含挥发性，直接接触皮肤会造成过敏或灼伤，往石榴籽油中添加精油的比例不要超过5%。有些商家将石榴籽油说成是"石榴精油"，这是技术上的根本错误。

4 化妆品和护肤品的成分十分复杂，在混合面霜或是乳霜的时候，要注意是否有不良反应。先取少量护肤品，添加约5%的石榴籽油后，测试有无过敏反应再决定是否添加。

❀ 石榴籽油在化妆品中的作用

石榴籽油被广泛应用应用于美容护肤行业，用来制造各种高级化妆品和护肤品。那么当石榴籽油应用于化妆品中时，到底有哪些具体的作用呢?

1 去除皱纹，缓解轻微皮肤过敏和各类炎症问题；

2 补充皮肤营养、改善皮肤弹性和减少细纹，对成年人皮肤和衰老皮肤尤其有显著功效；

3 调节皮肤表面的pH值；

4 抗氧化，保护皮肤免受自由基的损害；

5 清除自由基，抗炎、消除肿胀，消除肌肉疼痛；

6 促进胶原质的再生，强化上表皮细胞，快速修复干裂和被紫外线损伤的皮肤。

❀ 石榴籽油常见问题

Q: 石榴籽油适合多少岁的女性内服或是外用?

A: 石榴籽油作为护肤使用，非常温和安全，孕妇和宝宝也可以放心使用。使用起来也是不分年龄层次的。

Q: 石榴籽油口服时应该注意什么呢?

A: 口服的时候，每天3～5毫升睡前空腹喝即可。孕期不要服用。

月见草油
Evening Primrose Oil

月见草又称为晚樱花，是一种美丽的黄花，只会在夜晚盛开，日出后就会凋谢，在我国地方上经常被称为"夜来香"。古印第安人自古就利用这种由夜色供给世间的良药，来解除痛苦。

而月见草油是从月见草的种子提炼出来的油脂，被誉为"生命之花"，在欧洲被称为"皇室御药"或"国王药物"。现在从月见草籽中提取月见草油的方式是经过特别小心的方式，因此月见草油也特别珍贵，同时它不但有益于皮肤，对心灵和免疫系统也很有功效。

月见草油的ID卡	
油的颜色	黄绿色
口　　感	独特的月见草味道
气　　味	强烈的果香
特　　性	干性
成　　分	亚麻油酸约67%，γ-次亚麻油酸月8%～14%，油酸约11%，饱和脂肪酸8%，脂肪伴随物质1.5%～2.5%
使用方法	内服和外用均可
养生保健的应用	用于护肤

❀ 月见草油的主要作用

1 月见草油含γ-次亚麻油酸成分，只有极少数的植物中带有这种成分。这种多元不饱和脂肪酸对于体内激素的分泌有相当正向且调和的作用。

2 月见草油中的γ-次亚麻油酸能调节女性激素分泌。痛经一部分原因是因为缺乏会转变成γ-次亚麻油酸的亚油酸的摄取，所以月经来之前情绪容易不稳定。服用适量月见草油后，能够有效平稳情绪的波动，使人冷静。

3 规律地服用月见草食品不但能改善妇女的身体问题，也能解决男性因体内激素失律所产生的情绪问题。特别是在情绪急速起伏、工作负荷大以及急躁、焦虑、神经高度紧绷的时候，月见草油更能发挥最大的功效。

4 月见草油对于情绪不稳定、容易紧张敏感和注意力不集中的小孩子也很有效果。因为γ-次亚麻油酸是脑部重要的养分来源，特别是针对大脑神经元的刺激反应和脑部发育方面。

5　月见草油还是解决众多皮肤问题的急救品。月见草油能调节皮肤的细胞代谢和皮脂腺的分泌，增强肌肤弹性并促进再生的功能。

6　月见草油和深海鱼油一样，属于极多元不饱和的必需脂肪酸，在体内代谢的过程中会取代花生油四烯酸在体内产生皮炎性内性因子，如前列腺、白血球三烯及引发凝血反应的凝血，因此除了抗发炎作用外，月见草油还具有减低凝血反应、预防血栓形成的作用。

7　月见草油除了对心血管系统疾病具有防治作用外，对于糖尿病也很有效果。科学家亦发现月见草油具有保护神经细胞、降低病变发生率的作用。

❀ 月见草油的使用建议

内服

‖ **美容护肤** ‖ 服用月见草油胶囊，每日3次，每次1粒，能够增进皮肤健康，调节女性荷尔蒙等。

‖ **护胸丰胸** ‖ 月见草油具有调节体内荷尔蒙内生因子的作用，长期坚持服用，可以维持并保养胸部。

‖ **缓解异位性皮肤炎** ‖ 月见草油有很好的调节精神、缓解压力的作用。对于这种先天性的受外界环境和精神压力相关的疾病，月见草油作为治疗品，至少要坚持4周才会有比较明显的效果。

外用

剪开胶囊，涂抹在皮肤上面，能够立即被皮肤吸收，补充养分和水分，令皮肤红润，清除皱纹，减少斑印，令人容光焕发。

将10毫升的温和精练月见草油加入50～100毫升的植物调和油（荷荷芭油、椰子油或是甜杏仁油最好）中，再将油液均匀地涂抹在脸部和颈部上方。

防裂止痒：秋冬干燥季节的时候，可使用月见草油来防止皲裂及皮脂分泌过少引起的瘙痒。还可以用来呵护婴儿幼嫩的肌肤，在婴儿腋下或臀部等处涂上本品，可以防止宝宝的屁屁被尿淹或汗淹。

用来制作手工皂：月见草油用来制作香皂洗起来可能泡沫较少，但是可以改善过敏和粗糙皮肤，促进伤口愈合。建议添加量为5%～10%。

全身护理：沐浴后，用棉花浸湿本品后，涂遍全身，然后用热毛巾包裹住全身，10分钟后再用温水冲一遍即可。可以有效地促进脂肪的消耗，在享受芬芳的月见草油浴的同时，又可以达到瘦身的效果。

还可调制成乳液和乳霜，改善湿疹、牛皮癣，帮助伤口愈合、指甲发育，解决头发问题。一般都是10%的剂量使用。

❁ 月见草油适用人群和禁忌人群

适宜人群

1 成年女性、经前综合征、更年期综合女性

2 高血压、高血脂、动脉硬化者

3 过敏性皮肤、皮肤状况差者

4 风湿、关节炎患者

禁忌人群

1 未成年人群不适合服用月见草油

2 患有子宫肌瘤的女性遵从医生嘱咐使用

3 女性经期之间不适宜服用

4 经期量多的女性减少服用

小百科：为什么月见草油一般都是胶囊状出售

月见草油来自月见草的种子，经低温压榨或丁烷混合低温萃取而来，约含90%的不饱和脂肪酸，其中最多的是亚麻油酸和γ－次亚麻油酸，这两种油酸皆属于极不饱和脂肪酸，油脂的稳定度也较高，容易与氧气发生作用而氧化变质。因此，市面上的月见草油一般就是以胶囊的形式出售，并会添加少量的维生素E，来作为稳定品质的抗氧化剂。

黑种草油
Nigella Sativa Oil

黑种草油是通过冷压整体黑种草种子的方式获得。黑种草原产于地中海地区，黑色种子很像芝麻，气味香，味辛，可作香料，能够刺激消化、祛风止痛、补肾健脑、利尿、发汗等。在中东地区，它被盛赞为"祝福的种子"，具有强力的健康益处，在那里的面包房，常常能买到表皮洒满黑种草籽的面包。

黑种草油现在突然成为有全方位功能的神奇植物油，这有一部分原因是人们狂热跟风造成的。事实上，有许多关于黑种草油神奇的疗效并不如标榜的那样有效。黑种草油确实是好油，在医疗运用上有不错的治疗效果，但只限在特定功效上，并不是全方位的完美植物油。

黑种草油的ID卡

油的颜色	偏红的深棕色
口　感	口味偏苦
气　味	强烈的香料味
特　性	略干性以及半干性
成　分	亚麻油酸50%～60%，油酸20%～25%，不饱和脂肪酸15%，α－次亚麻油酸15%，脂肪伴随物质0.5%～1%（其中主要是精油、维生素E及植物固醇的含量）
使用方法	内服和外用均可；冷压油不得加热
保健的应用	提高免疫力，预防各种皮肤病

❀ 黑种草油的主要作用

1 黑种草油的脂肪结构并不特别独特，整体看起来与葵花油的脂肪酸相似。气味强烈，有浓郁的药草香气。正是因为它的精油成分含量高（0.5%～1%），能有效地防止油分氧化和变质。

2 黑种草油含有高单位的多元不饱和脂肪酸，加上本身特有的精油成分，就像启动人体免疫系统的开关。直接口服具有强化免疫系统的功效。

3 黑种草油口服加涂抹，对一般的皮屑、气喘或者神经性皮炎很有效。对于干癣、风湿及免疫系统低下产生的多种不适症状也有一定的帮助。

4 黑种草油直接口服还能保护肠壁黏膜，改善胃肠胀气的毛病。这是因为我们体内最大的免疫系统总部就在肠部。

| 5 | 黑种草油含有黑种草酮和百里香氢醌，不论涂抹或口服，都可以舒缓支气管收缩所导致的呼吸困难现象，有助缓和支气管气喘以及咳嗽状况。 |

| 6 | 黑种草油被称作"肌肤食物"，富含不饱和脂肪酸、次亚麻酸，有抗氧化功效，适合受损、干性和熟龄皮肤，可滋养、抚慰、柔软干燥皮肤，改善湿疹、皮炎和痤疮，是绝佳的修护油，规律使用能够极大改善肌肤的整体状况。 |

❀ 黑种草油的使用建议

口服

‖**改善慵懒、疲劳**‖15毫升黑种草油＋1杯纯橙汁混合，每日晨饮，至少10日。

‖**缓解紧张压力**‖5毫升黑种草油＋茶/咖啡混合饮用，1日3次。

‖**改善睡眠紊乱**‖15毫升黑种草油＋些许蜂蜜，加入任何热饮中，每晚饮用。

‖**缓解牙齿牙龈疼痛**‖黑种草籽加醋煮过后，加入黑种草油，用来漱口。

‖**治疗腹泻**‖5毫升黑种草油＋1杯酸奶混合，1天中分两次食用，直到症状消失。

‖**花粉热**‖5毫升黑种草油＋1杯柠檬汁混合，1天中分两次食用，直到症状消失。

外用

使用黑种草油按摩时，添加一点甜杏仁油或是核桃油等轻质的基底油缓和，能够缓解黑种草油厚重的感觉。

洗脸：15毫升的黑种草油和15毫升的橄榄油混合后按摩脸部，1小时后再用清洁用品洁面，可以维持面部健康。

作为基底油，黑种草油对于缓解肌肉疼痛、关节炎、风湿病、拉伤和扭伤都很有效果，即使没有添加任何单方精油。而添加其他的精油会大大地提高这种疗法的效果，如黑胡椒、罗马洋甘菊、天竺葵、丁香苞、尤加利、姜、薰衣草、杜松果和甜马郁兰等都能使用，还能互相补充功效。

用黑种草油有规律地按摩头发，可防治过早头发斑白。

鼻孔中各滴3~4滴黑种草油，可缓解鼻塞和感冒。

琉璃苣籽油
Borage Seed Oil

琉璃苣原产于地中海沿岸及小亚细亚，其茎叶脆嫩而多汁液，具有黄瓜味，因而又被称为黄瓜草，具有较高的营养及有益健康的物质。琉璃苣性凉，可调制饮料，叶和花的浸出液可促进肾上腺素分泌，可解除紧张、消除疲劳。

琉璃苣籽油是从琉璃苣种子中榨取的油，含有丰富的γ-次亚麻油酸，是自然界中含亚麻油酸最多的植物种子，比月见草油和黑醋栗籽油所含的γ-次亚麻油酸含量高出很多。

琉璃苣籽油的ID卡

油的颜色	透明的黄色
口　感	强烈
气　味	有坚果味
特　性	极干涩
成　分	油酸约35%，γ-次亚麻油酸20%～25%，油酸约19%，饱和脂肪酸14%～20%，脂肪伴随物质约1.5%
使用方法	外用或内服均可
保健的应用	抗忧郁和躁郁等

❀ 琉璃苣籽油的主要作用

1　琉璃苣籽油富含γ-次亚麻油酸，能改善女性荷尔蒙的健康。它通过天然的方法减轻经期及更年期的不适，并有效地帮助女性调节荷尔蒙健康，适合各年龄阶层的女性，包括青少年及老年人都可以受益。

2　琉璃苣籽油中高含量的γ-次亚麻油酸，被广泛研究证明可以缓解和减轻炎症，成功地治疗疼痛、肿胀及由于类风湿关节炎引起的僵硬感。

3　琉璃苣籽油中的γ-次亚麻油酸活性比其他亚麻油酸高了十几倍，被用于治疗肠胃问题、气喘、咳嗽及妇女病上，减轻女性生理期的疼痛及不适，能扩张血管，促进血液循环及调理荷尔蒙，提高皮肤弹性，恢复皮肤光泽，缓解经期不适与痛经，改善更年期障碍。

4　琉璃苣籽油适合各种肌肤，尤其是成熟型肌肤，是很好的皮肤更新剂。

5　琉璃苣籽油还可用于治疗不同的皮肤疾病，如牛皮癣、湿疹、痤疮、酒渣鼻、皮肤早衰等，效果很好。

琉璃苣籽油还有其他有待发掘的潜在用途，可被用来处理和防治以下症状：滋养指甲、头皮和头发，并促进生长；预防骨质疏松症，缓解更年期的潮红热；调节新陈代谢，控制体重；协助治疗神经功能；有效治疗注意力缺失、多动症、高血压和心脏疾病；协助治疗神经颤动，等等。

❀ 琉璃苣籽油的使用建议

内服

食用琉璃苣籽油的时候，要避免加热，在上桌前加入到食物中即可。因为加热的话会破坏其有效成分，常温食用更能保留营养成分。

作为胶囊服用是最为常见的内服方式，按照产品标识按量服用即可。

外用

护肤：作为护肤品时，可以直接涂抹在需要保养的部位，轻轻按摩即可。

护发：用琉璃苣籽油有规律地按摩头发，可防治过早头发斑白。

使用注意事项

1 不建议长时间大剂量内服，有可能导致拉肚子和胃部疼痛。

2 由于可能会有副作用，应避免在怀孕和哺乳期间使用。

琉璃苣籽油购买tips

琉璃苣植物中具有吡咯啶生物碱，食用过量的琉璃苣草，反而可能会造成肝功能受损。但是只是偶尔把琉璃苣草当作药草来使用的话，就没有这方面的顾虑。

而琉璃苣种子与花和叶子不同，只含少量的吡咯啶生物碱。有研究更进一步证明，经冷压法萃取的琉璃苣籽油中是完全不含有吡咯啶生物碱的成分的。所以在购买琉璃苣籽油胶囊时，要特别留意产品的标签，并且只购买以冷压法制造的琉璃苣籽油。

琼崖海棠来自热带东南亚和波利尼西亚，当地人会食用它像核果一样的果实。夏威夷和马达加斯加也都可以看见它，我国主要生长在海南和台湾地区。在波利尼西亚地区，琼崖海棠被视为一种圣树，当地的传统医术中，琼崖海棠油亦被广泛地使用。

琼崖海棠油是从琼崖海棠果实的种子中榨取出来的，油液呈现特有的绿色，闻起来有强烈的香料味。这种油在不同的传统医学中作为药物使用，可以帮助愈合皮肤，缓解不同疾病，并且以滋养和软化皮肤特性而知名。

琼崖海棠油的ID卡

油的颜色	偏绿色
口　感	甜味
气　味	浓郁的药草味
特　性	不干涩
成　分	油酸约30%～35%，亚麻油酸17%～39%，不饱和脂肪酸约30%，脂肪伴随物质约14%～20%（尤其是树脂和精油成分）
使用方法	外用
保健的应用	缓解更年期症状、治疗动脉硬化等，增进皮肤健康

❀ 琼崖海棠油的主要作用

1 琼崖海棠油的特别之处并不在于含有多少种脂肪酸，而在于含有大量的脂肪伴随物质，其中又以树脂及精油成分最为突出。这两种成分主要负责疗效，所以琼崖海棠油主要是用作药物和治疗用油。

2 琼崖海棠油一直都是芳香疗法中的基础用油，有数不清的科学研究都证实了它实用且惊人的效用。经常被运用在治疗发炎的皮肤病变、青春痘、粉刺，敷皮伤处以及难处理的伤口上。

3 琼崖海棠油具有抗炎和抗菌功效，可用于治疗败血症、结膜炎、脚气、癣、肺炎、疔疮、股癣、膀胱炎、尿道炎等感染，还能治疗开放性溃疡、中暑、痔疮、肿胀、指甲感染、喉咙痛和粉刺。

4 琼崖海棠油还具有稳定静脉的功能，对于静脉曲张以及痔疮等问题都有很好的帮助。它能活络体内各部分血流，能使静脉中的血液畅流无阻。

5 琼崖海棠油还能治疗带状疱疹、昆虫叮咬或咬伤、手术后伤口、裂纹或鳞片状皮肤、尿布疹、牛皮癣、晒伤、湿疹、褥疮、溃疡和疱疹等。

6 在美容化妆方面，琼崖海棠油可以用在香水、乳液和霜剂中，以增加颜色和香气。

❀ 琼崖海棠油的使用建议

琼崖海棠的用处非常广泛，不同的医生或是芳疗师都会有不同的配方，但是效果都是一样管用，下面简单介绍几种使用方法作参考：

‖ **治疗身体疼痛** ‖ 10%～20%的琼崖海棠油，搭配80%～90%的特级初榨橄榄油，再添加松红梅、胡椒薄荷或是玫瑰精油。

‖ **保护肛门（有外伤或敏感性的屁股）** ‖ 琼崖海棠油10毫升＋圣约翰草油20毫升＋乳木果油20毫升＋丝柏精油2滴＋薰衣草精油3滴＋胡椒薄荷精油2滴。

‖ **治疗带状疱疹** ‖ 琼崖海棠油和罗文莎叶精油混合，这是已被证实有效可行的方案。

‖ **祛疤** ‖ 琼崖海棠油与玫瑰籽油1:3的比例调和，可有效地消除新生成的疤痕，对妊娠纹也有很好的效果。

琼崖海棠油使用tips

琼崖海棠油一般都是当作药油来使用，很少当作按摩油或是保养护肤油。当然也不是不可以用来直接护肤，主要是因为它有强烈的气味，大面积地涂抹在皮肤上可能会让人有不适感。同时它算是比较油的植物油，皮肤可能会不太好吸收。比较好的使用方法是：将琼崖海棠油与其他油液混合使用，如橄榄油或是黑醋栗籽油，这样更能彰显琼崖海棠油的特性，而且闻起来也不会那么呛鼻。

❀ 小百科：琼崖海棠的广泛用途

琼崖海棠的用途非常广泛。木材可用于造船、造车、房屋建筑、物具器械和家具；果实可生产油料，可做肥料、润滑油；还能用作绿化。药用方面功效尤其突出：琼崖海棠的根和叶有祛瘀止疼、补肾强腰、利尿调经之效；治风湿疼痛、月经疼痛、牙痛出血、淋巴结核、跌打损伤；树皮及果实治鼻衄、鼻塞、耳聋；树皮外用捣敷治睾丸炎；叶治眼疾；外用捣敷治创伤出血；树脂治溃疡；挥发油为优良创伤结疤剂；种子油外用治皮肤病、风湿病。

黑醋栗籽油
Blackcurrant Seed Oil

黑醋栗籽油是从黑色的醋栗果实中提取出来的罕见又珍贵的油液。

黑醋栗就是我们常说的黑加仑，这种果实的营养价值非常高，含有丰富的维生素C、磷、镁、钾、钙、花青素和酚类物质，一般用来制成果酱、果酒和饮料。而黑醋栗的种子提取的油脂含有大量的γ-次亚麻油酸和α-次亚麻油酸，这种特殊的脂肪结构赋予了黑醋栗籽油高度的健康价值。

黑醋栗籽油的ID卡

油的颜色	金黄色
口　感	极淡
气　味	微微的果实香
特　性	极干涩
成　分	亚麻油酸44%～48%，γ-次亚麻油酸11%～18%，α-次亚麻油酸10%～15%，油酸8%～16%，十八碳四烯酸2%～4%，脂肪伴随物质约2%
使用方法	内服和外用均可
保健的应用	调节内分泌，降低血压，维护皮肤健康等

❀ 黑醋栗籽油的主要作用

1 黑醋栗籽油是除琉璃苣籽油和月见草油之外，又一种含大量γ-次亚麻油酸的油类，搭配富含的α-次亚麻油酸和少量十八碳四烯酸，使其对脑内的物质代谢、心血管方面以及风湿性病变等都有正向的影响。

2 黑醋栗籽油含44%～48%的γ-次亚麻油酸，长期服用能减轻更年期的不适、增进血液循环、减少脂肪在血管内壁的滞留、预防和治疗动脉硬化、降低高血压、增进皮肤健康、促进女性荷尔蒙自然生长。

3 黑醋栗籽油中的γ-次亚麻油酸还对经前症候群和妇女更年期障碍有缓解作用，且能维持细胞膜的健康并保留水分，长期使用可令肌肤光滑、富有弹性。对舒缓湿疹、维护健全的皮肤和指甲、预防掉发也很有帮助。

4 黑醋栗籽油中的十八碳四烯酸，是一种带四个双键的Omega-3的脂肪酸，肌肤利用这种酸能产生有益于肌肤抗炎机制的荷尔蒙，活化皮肤新陈代谢，对痤疮和晒伤、减缓皮肤老化及持续强化免疫系统很有效果。

5 黑醋栗籽油也是天然的润肤剂，特别适合高龄皮肤和需要深层持久滋润的皮肤使用，能减少皮肤水分流失，增强肌肤光滑性、稳固性和弹性，并能有效改善干燥皮肤的质量，对过敏性皮肤有明显的舒缓功效。

6 黑醋栗籽油作为补充剂有助于改善头发健康，令头发远离稀疏、卷曲和分叉。由于其充满脂肪酸，因此可以滋养发囊。但是不能直接抹在头发上。

7 黑醋栗籽油不但对于神经性皮炎有帮助，对于因压力而产生的过敏现象和那些"多动儿"也有很大的稳定作用。

◉ 黑醋栗籽油的使用建议

口服

缓解橘皮组织

橘皮组织是因为女性雌激素较高所造成的，且很难祛除。可用黑醋栗籽油、月见草油、琉璃苣籽油和石榴籽油一起作为营养补给品，长期坚持会有改善，因为这些油都有影响激素功能的作用。

最佳搭配

将黑醋栗籽油、大麻籽油和亚麻籽油混合搭配效果最好。每天在饮食中能使用这种油液混合最合适不过了。

美胸

黑醋栗籽油具有调节体内荷尔蒙内生因子的作用，可以维持并保养胸部。

缓解异位性皮炎

这是一种遗传的过敏性症状，因外在环境因素发生过敏反应。这种人通常交感神经都很敏感，过敏反应在这些人身上发生得很快，一下子就遍布全身，且与他们的精神压力也有关。可饮用黑醋栗籽油、琉璃苣籽油或黑种草油作为治疗品，至少持续4周以上。

外用

1 黑醋栗籽油广泛运用于各种护肤品中，主要有精华素、乳液、沐浴露、面膜等，搭配其他成分来发挥其功效。

2 黑醋栗籽油经常被用来搭配各种不同的植物油和精油来制作手工皂，特别能够滋润保养皮肤，许多制作香皂的手工达人特别愿意使用它来提升香皂的护肤功效。

PART
5

常见疾病的
吃油策略

　　吃好油还要吃对油！传统膳食习惯"一油到底"，而科学的饮食法讲究的是"对症吃油"。本章根据二十多种常见疾病的不同症状，有针对性地推荐不同的吃油策略，从内而外地调理脏腑，让你越吃越健康！

动脉硬化
Arteriolosclerosis

Q: 什么是动脉硬化？

A:

　　动脉硬化是动脉的一种非炎症性病变，是动脉管壁增厚、变硬，失去弹性和管腔狭小的退行性和增生性病变的总称，常见的有动脉粥样硬化、动脉中层钙化和小动脉硬化3种。动脉粥样硬化是动脉硬化中常见的类型，为心肌梗死和脑梗死的主要病因。

　　动脉硬化就是血管里的结状组织硬化。胆固醇和其他物质在血管中沉积堆积，然后结状变硬，这会使得血管壁变窄。经过血液的冲刷，这些变硬的物质就会被冲掉，然后随着血液到不同的地方，造成发炎等症状。发炎的动脉加速导致动脉硬化，血管内的血液就越来越无法顺畅地流通，于是动脉硬化就容易产生心脏和血液循环等方面的病变。这种病症是随着年龄增长而出现的，通常是在青少年时期发生，至中老年时期发病或加重，其中以男性较多。近年来，动脉硬化在中国的患病率一直呈现上升趋势，已经逐渐成为老年人死亡的主要原因之一。

Q: 得了动脉硬化会怎么样？

A:

　　人体全身有三处最危险的动脉硬化区：心脏动脉硬化、脑组织的动脉硬化和颈动脉硬化。心脏动脉硬化可导致心肌梗死；脑动脉硬化可导致脑溢血；而由于颈动脉较粗大，血液直接供应脑组织和五官等重要器官，当颈动脉硬化时，如同两只手掐住了颈部，造成脑组织缺血、缺氧，患者会感到头晕、目眩、思维能力明显下降，时间长了会导致脑萎缩。若颈动脉硬化斑块脱落，会阻塞动脉血管，造成失明、偏瘫，甚至危及生命。

　　人体其他部位发生动脉硬化也会造成严重的后果。如四肢动脉粥样硬化，此症以下肢较为多见，尤其是腿部动脉，由于供血障碍而引起下肢发凉、麻木和间歇性跛行，即行走时发生腓肠肌麻木、疼痛以致痉挛，休息后消失，再行走时又出现。严重者会有持续性疼痛，下肢动脉尤其是足背动脉搏动减弱或消失。

Q: 动脉硬化该怎么选择植物油?

A:

预防动脉硬化最好的方法就是采用抑制发炎的饮食，也就是食用Omega-3与Omega-6的脂肪酸，因为它们不止对抑制血管壁的发炎有效，对身体其他部位也都非常有疗效。长期饮用保健饮品，如亚麻籽油与油菜籽油以1：1比例混合的饮品，效果也非常好。大麻籽油、亚麻籽油、橄榄油、油菜籽油、雪松籽油或大豆油都能有效帮助降低体内胆固醇指数、减少血管壁内的沉积物及避免血管组织发炎，同时含藻类成分的健康食品也都很不错。

动脉硬化该怎么选择植物油?

油品名称	营养成分	疗　效	使用建议
大麻籽油	大麻籽油不饱和脂肪酸约90%，必需脂肪酸80%左右，富含Omega-3脂肪酸、γ-亚麻酸、生育酚、植物甾醇等。	大麻籽油在降低胆固醇、抗氧化、清除人体内自由基等方面具有显著的作用，是一种具有很高利用价值的功能性油脂。	大麻籽油可以安全被摄取，并可替代沙拉调味，不过因其含有亚麻油酸，最好不要加热。市面上分为食用级和美容级。
亚麻籽油	亚麻籽中不饱和脂肪酸的Omega-3系列（α-亚麻酸）和Omega-6系列（γ-亚麻酸）之比接近4~6：1；亚麻籽油含有18种氨基酸。	1 α-亚麻酸能改变血小板膜的流动性，从而改变血小板对刺激的反应性及血小板表面受体的数目，能有效防止血栓的形成。 2 α-亚麻酸的代谢产物对血脂代谢有温和的调节作用，能降低血浆低密度脂蛋白，从而降低血脂，防止动脉粥样硬化。	1 低温烹饪：单独使用或与日常食用油调和烹饪，健康更美味。 2 巧拌凉菜：用亚麻籽油调凉菜、拌沙拉，美味升级。 3 直接服用：成人每日摄入15~20毫升，儿童酌减至5~10毫升。

油品名称	营养成分	疗　效	使用建议
橄榄油	含有80%以上的单不饱和脂肪酸和Omega-3脂肪酸，富含维生素A、维生素D、维生素E、维生素K和胡萝卜素等脂溶性维生素及抗氧化物质，但不含胆固醇。	橄榄油中的Omega-3脂肪酸能够降低血小板的黏稠度，让血小板与纤维蛋白原不易缠绕在一起；其次，它还能降低纤维蛋白原的量，大大减少了血栓形成的概率。	1 橄榄油因其抗氧性能和很高的不饱和脂肪酸含量，是最适合煎炸的油类。 2 橄榄油直接调拌各类素菜和面食，也是做冷酱料和热酱料最好的油脂成分。 3 每天清晨起床或晚上临睡前直接饮用一汤匙（约8毫升）。
油菜籽油	主要营养成分是芥酸、油酸、生育酚、亚麻酸、亚油酸和菜籽甾醇。	油菜籽油中所含的亚油酸等不饱和脂肪酸能很好地被人体吸收，吸收率可达99%。而不饱和脂肪酸中的油酸含量仅次于橄榄油，具有延缓衰老、软化血管等功效。	1 油脂有一些"青气味"，不适合直接用于凉拌菜。 2 高温加热后的油菜籽油应避免反复使用。
雪松籽油	不饱和脂肪酸约94%，富含维生素A、维生素B$_1$、维生素B$_2$、维生素E等。	雪松籽油对皮炎、支气管炎有良好的治疗作用。其富含天然维生素E具有抗氧化和清除自由基的作用，具有广泛的预防、治疗心脑血管疾病的作用。	雪松籽油可以直接食用，但由于松脂味道比较重，因此更常用的食用方法是将雪松籽油按1：10比例兑到大豆油、菜籽油、花生油等中，然后按常规食用油的食用方法来食用即可。
大豆油	棕榈酸7%~10%，硬脂酸2%~5%，花生酸1%~3%，油酸22%~30%；亚油酸含量最多，为50%~60%；亚麻油酸5%~9%，维生素E、维生素D及丰富的卵磷脂。	大豆油含有丰富的亚油酸，有降低血清胆固醇和血脂含量、预防心血管疾病的功效。	大豆油有一定的保质期，放置时间太久的油不要食用。可以直接用于凉拌，但最好还是加热后再用。应该避免经高温加热后的油反复使用。

高血压
Hypertension

Q: 什么是高血压?

A:

　　高血压是持续血压过高的疾病，会引起中风、心脏病、血管瘤、肾衰竭等疾病。高血压是一种以动脉压升高为特征，可伴有心脏、血管、脑和肾脏等器官功能性或器质性改变的全身性疾病。高血压有原发性高血压和继发性高血压之分。95%的高血压患者病因不明，称为原发性高血压；而在不足5%的患者中，血压升高属于某种疾病的一种临床表现，有明确而独立的病因，称为继发性高血压。

　　然而，人群的动脉血压会随着年龄增长而升高，很难在正常与高血压之间划上明确的界限。一般来说，肥胖的人血压稍高于中等体格的人，女性在更年期血压比同龄男性略低，更年期后动脉血压有较明显的升高。高血压定义与诊断分级标准规定SBP≥140毫米/汞柱（18.76千帕）和DBP≥90毫米/汞柱（12.0千帕）为高血压。

Q: 得了高血压会怎么样?

A:

　　高血压患者有时会有头晕症状，情绪也比较急躁、敏感，易激动、心悸、失眠等，这与大脑皮质功能紊乱及神经功能失调有关。同时还会伴随注意力不集中、记忆力减退，在早期并不明显，但随着病情发展而逐渐加重，肢体会先出现麻木感，常见手指、足趾麻木或皮肤如蚁行感或项背肌肉紧张、酸痛。

　　高血压患者由于动脉血压持续性升高，还会引发全身小动脉硬化，阻碍血液供应和运输，造成冠心病、糖尿病、心力衰竭、高血脂、肾病、中风等并发症，对人体的心脏、大脑和肾脏都产生非常严重的损害。脑出血是晚期高血压最严重的并发症，在临床上表现为偏瘫、失语等，这是由于大脑内小动脉肌层和外膜管壁薄弱，发生硬化的小动脉若出现痉挛，极易发生渗血或破裂性出血。高血压对人类健康和幸福生活的危害很大，被称作是人类健康的"无形杀手"。

时　期	危　　害
高血压前期	头痛、眩晕、心悸气短、失眠、肢体麻木。
高血压中后期	1 血管：加重全身小动脉硬化，易造成血管出血，形成动脉瘤。
	2 心脏：血压偏高使心脏负荷加重，易发生心室肥大、高血压性心脏病、冠心病。
	3 脑部：脑出血、脑梗死。
	4 肾脏：肾萎缩、肾功能衰退。
高血压并发症	1 脑血管疾病：高血压的主要直接并发症是脑血管病，尤其是脑出血。
	2 肾脏病：长期高血压可导致肾小动脉硬化，出现氮质血症及尿毒症。
	3 引起猝死：表现为忽然发生呼吸、心跳停滞，并常于1小时内死亡。冠心病猝死约占全部心血管病猝死的90%。
	4 导致多种病变：心、脑、肾和血管多种病变。

Q:　高血压该怎么选择植物油？

A: 　饮食调理对高血压患者非常有益，遇到血压上升或高居不下的问题应交给医生来处理，但是可尝试喝健康饮品及采取抗炎饮食方式（即少肉、少糖和天然植物油类的饮食）来辅助治疗。在饮食中的油脂与高血压的关系方面，不饱和脂肪酸（尤其是来自亚麻籽油、橄榄油和油菜籽油）在改善和降低血压方面有很显著的效果。这些油类中特别富含了Omega-3的成分。高优质的饮食可以强化改善整体心血管方面的症候群。高血压患者要避免食用富含饱和脂肪酸的猪油、棕榈油、椰子油或者是富含反式脂肪酸的油类。

高血压该怎么选择植物油？

油品名称	营养成分	疗　效	使用建议
大豆油	含有大量亚油酸，占52%~65%，其他有棕榈酸、油酸、硬脂酸、亚麻酸、花生酸等。	大豆油中的大豆卵磷脂能降低血清胆固醇和血脂含量，还能预防白内障等疾病，尤其适合老年高血压患者食用。	一般来说，一日的大豆油脂摄取量，正常人不应超过25毫升，而高血压患者应该更少。

油品名称	营养成分	疗 效	使用建议
橄榄油	富含丰富的单不饱和脂肪酸——油酸，还有维生素A、维生素B、维生素D、维生素E、维生素K等，是所有油类中最适合补充人体营养的植物油。	橄榄油含大量的单不饱和脂肪酸，能供给人体热能外，还能调整胆固醇的比例，增加高密度脂蛋白（好胆固醇）而降低密度脂蛋白（坏胆固醇），预防高血脂、高血压、冠心病、脑。	每日清晨起床或晚睡前，直接饮用15毫升原生橄榄油，能降血脂、降血糖，还能消除便秘，预防血栓的形成。
亚麻籽油	含有不饱和脂肪酸Omega-3系列（α-亚麻酸）和Omega-6系列（γ-亚麻酸）之比接近4~6：1；亚麻籽油含有18种氨基酸。	α-亚麻酸的代谢产物对血脂代谢有温和的调节作用，能降低血浆低密度脂蛋白，从而降低血脂、降低高血压，抑制血栓性疾病和心肌梗死、脑梗死等。	每日建议摄取量（每天分两次吃，每次服用一半）： 前期：10毫升。 中期：10~15毫升。 后期：15~20毫升。
苦茶油	含有丰富的不饱和脂肪酸，如油酸、亚油酸、亚麻酸，并含有蛋白质、维生素等。	真正的纯天然绿色植物油，能平衡人体内有益胆固醇和有害胆固醇的比例，达到强心的功效，适合高血压患者长期食用。	用苦茶油炒猪肝，或者是每日清晨以苦茶油拌面、热饭，稍加酱油，高血压患者长期食用，既降血压又能健脾养胃。
玉米油	玉米油极易消化，人体吸收率高达97%。玉米油中不饱和脂肪酸的含量达80%以上，其中的亚油酸是人体自身不能合成的必需脂肪酸，还含有丰富的维生素E。	玉米油不含胆固醇，却含有大量的不饱和脂肪酸，对于血液中胆固醇的累积有溶解作用，长期食用有利于预防高血压、肥胖症、高血脂、糖尿病等疾病。	1 低温食用，不宜重复食用。 2 密封保存。 3 不要烧焦，容易产生过氧化物，导致肝脏及皮肤疾病。

心血管疾病

Cardiovascular Disease

Q: 什么是心血管及血液循环疾病?

A: 心脏是动力器官,血管是运输血液的管道,二者共同构成了一个封闭的管管道系统——心血管系统。心脏有规律性的收缩与舒张会推动血液在血管中按照一定的方向循环流动,就形成了人体血液循环。心血管疾病又称为血液循环系统疾病,包括心脏、动静脉血管、微血管疾病。

心血管疾病还会出现高血压、高血脂、冠心病、动脉血管硬化、心悸、眩晕、呼吸困难等并发症状,具有发病率高、死亡率高、致残率高、复发率高等特点,并且已经成为人类死亡的主要原因之一。心血管疾病的发病原因主要还是由于动脉血管内壁的脂肪、胆固醇等沉积造成的,并伴随着纤维组织的形成与钙化等病变,甚至会发展成心肌梗死、猝死。

Q: 得了心血管疾病会怎样?

A: 心血管疾病的潜伏期有时长达十几年甚至几十年的时间,而一旦发病,病情恶化得就很快,因此会造成很多患者毫无预防措施和对策,死亡率非常高。眩晕是临床上常见症状,发作时会伴有平衡失调、站立不稳、恶心、呕吐、面色苍白、心动过缓、血压下降等。心血管疾病患者由于大脑缺血、缺氧或者是由于心律失常、心脏搏出障碍等心脏输出量突然减少,极易导致面色苍白、恶心、呕吐、头晕、出汗等神经功能紊乱现象,严重时会引起晕厥。在所有心血管疾病的并发症中,疲劳是最常见的症状,由于血液循环不畅,新陈代谢的垃圾便会积累在组织内,刺激神经末梢,使人产生疲劳感。

根据临床表现不同,常见的心血管疾病有以下几种,如冠心病、高血压、心肌梗死、高血脂、心脏病、脑中风等,这些病症初期症状有些并不明显,易被忽视,然而一旦发作就会严重威胁生命健康,日常生活中一定要时时注意,尽量避免产生严重的后果。

病症种类	临床表现
冠心病	发作性胸骨后疼痛、心悸、呼吸困难、心绞痛、心肌梗死、心律失常，常伴有明显的焦虑，在用力、情绪激动、受寒、饱餐等增加心肌耗氧情况下发作的劳力性心绞痛。
高血压	头晕、情绪急躁、敏感、易激动、心悸、失眠、注意力不集中、记忆力减退、肢体麻木、足趾麻木、肌肉紧张或酸痛。
心肌梗死	持久的胸骨后剧烈疼痛、急性循环功能障碍、心律失常、心力衰竭、发热、血清心肌损伤等。
高血脂	动脉硬化、脑供血不足、肝脏功能异常或肾脏问题、高脂血症、胰腺炎、面部黄斑等。
心脏病	心悸、呼吸困难、发绀、咳嗽、咯血、胸痛、水肿、少尿等。
脑中风	口角歪斜、言语不利、半身不遂、呕吐、头晕、眩晕、意识障碍、突发性视觉障碍。

Q: 心血管及血液循环疾病该怎么选择植物油？

A: 针对心血管疾病，饮食与压力、过劳之间的关系被不少营养专家和医生仔细研究调查过，认为正常的饮食是最有效预防糖尿病、心血管、血液循环疾病的方式。Omega-3脂肪酸是对心脏和血液循环最理想的保护盾，它不但可以清理血管内部杂质，促进血液循环，还能有效降低胆固醇，避免心血管阻塞硬化及心内膜炎。

心血管及血液循环疾病该怎么选择植物油？

油品名称	营养成分	疗效	使用建议
南瓜籽油	富含丰富的不饱和脂肪酸，如亚油酸、油酸，还含植物甾醇、氨基酸、维生素、矿物质等生物活性物质，尤其是锌、镁、钙、磷含量极高。	1 能够有效降低血液中胆固醇的含量，对心、脑血管疾病具有预防和保健作用。 2 可降低血糖，对糖尿病具有预防和保健作用。	1 调和油：与大豆油、花生油等按照1:5~1:10比例混合制成调和油，能补充和保持营养平衡。 2 凉拌菜：制作凉拌菜时适当加入南瓜子油，能够增加光泽，还能调味。

油品名称	营养成分	疗　效	使用建议
红花籽油	亚油酸之王，含有丰富的亚油酸，是所有植物油中最高的，还含有植物固醇、维生素E、谷维素等。	红花籽油中的黄酮类化合物具有显著的抗氧化性，是改变体内酶活性、改善微循环、抗肿瘤等具有重要生物活性的化合物，对心血管病有防治功效。	每天口服黄金功能红花籽油60毫升，坚持3个月能降低胆固醇，保持血脂稳定。
米糠油	含有38%左右的亚油酸和42%左右的油酸，其亚油酸与油酸的比例约在1：1。还含脂溶性维生素、甾醇、谷维素。	米糠油中的谷维素是由十几种甾醇类阿魏酸酯组成的，能有效调节人体血脂代谢，抑制催化胆固醇生物合成的酶，降低血液中胆固醇含量，促进皮肤微血管循环，预防和治疗心血管疾病，非常适合心血管患者。	1 米糠油可以直接食用，但是不能过量，应控制在低剂量。 2 食用油：煎炸、热炒、凉拌。
葡萄籽油	含有丰富的不饱和脂肪酸，亚油酸的含量则高达72%~76%，还含有钙、钠、钾及各种脂溶性及水溶性维生素。	含有大量的亚油酸，可以有效降低血液中胆固醇的含量，预防和治疗心血管疾病。	1 口服，饭前用温开水冲服，每次约10毫升。 2 配制调和油：与花生油或其他植物油调和，不仅能改善口味，还能增强葡萄籽油对心血管疾病的抵抗功能。
亚麻籽油	γ－亚麻酸、亚油酸、粗蛋白、脂肪以及丰富的氨基酸。	亚麻籽油中的α－亚麻酸能降低血清中总胆固醇、甘油三酯、低密度脂蛋白与极低密度脂蛋白，升高血清高密度脂蛋白，具有调节血脂、预防梗死、降低血液黏稠度等作用。	纯乳清蛋白粉20克，亚麻籽油45毫升，蜂蜜适量，牛奶30毫升或奶酪30克。具有增强人体免疫力、预防冠心病的功效。

第2型糖尿病

Type 2 Diabetes

Q: 什么是第2型糖尿病?

A:
　　糖尿病是一组由于胰岛素分泌缺陷和胰岛素作用障碍所致的以高血糖为特征的代谢性疾病。持续高血糖与长期代谢紊乱等可导致全身组织器官，特别是眼、肾、心血管及神经系统的损害及其功能障碍和衰竭，严重者可引起失水、电解质紊乱和酸碱平衡失调等。糖尿病有第1型糖尿病和第2型糖尿病两种。

　　第2型糖尿病又被称为是成人发病型糖尿病，多发生于35~40岁或之后，尤其是肥胖者发病率高，占糖尿病患者的90%以上。第2型糖尿病主要受遗传因素、环境因素、年龄因素、种族因素等影响，同时与生活饮食结构不合理息息相关。过度肥胖、缺乏运动、紧张、劳累、精神刺激、外伤、手术等都容易造成胰岛素分泌能力降低，导致糖尿病。

Q: 得了第2型糖尿病会怎么样?

A:
　　糖尿病的典型症状表现为"三多一少"，即多尿、多饮、多食、消瘦，而第2型糖尿病患者早期症状不是很明显，仅会出现轻度乏力、口渴、头晕等不典型症状，确诊后还会出现大血管和微血管并发症，如糖尿病神经病变是糖尿病最常见的慢性并发症之一，是糖尿病致死和致残的主要原因。糖尿病神经病变以周围神经病变和自主神经病变最常见，这是糖尿病的危害之一。

　　第2型糖尿病患者常会感到口干舌燥、体重减轻、视力衰退、容易疲劳、手脚麻木、皮肤瘙痒、泌尿道感染等，还会出现饥饿无力、发抖、头晕、心跳加速、冒冷汗等，严重者还会伤及脑部而有生命危险。

　　由于第2型糖尿病患者的血糖一般较高，易引起血管病变，导致局部组织对损伤因素的敏感性降低和血流灌注不足，在外界因素损伤局部组织或局部感染时较一般人更容易发生局部组织溃疡，最常见的部位就是足部，故称为"糖尿病足"。同时，还会导致肾小球微循环过压异常升高，早期表现为蛋白尿、浮肿，晚期则会出现肾功能衰竭，是第2型糖尿病最主要的死亡原因。

Q: 第2型糖尿病该怎么选择植物油？

A: 高营养价值的饮食能满足糖尿病患者的饮食需要。研究表明，几乎所有的植物油，尤其是橄榄油和芝麻油，都具有降血糖的功效。增强身体抗能的饮食能够调节体内的血糖，减少胰岛素的分泌。食用植物油可以降低糖尿病患病的风险，尤其是ω-3脂肪酸及γ-次亚麻油酸的效果最佳，糖尿病患者平常应多摄取蔬果、豆类、全麦食品及坚果油等纯天然油脂。

第2型糖尿病该怎么选择植物油？

油品名称	营养成分	疗 效	使用建议
橄榄油	油酸约占75％，饱和脂肪酸约占15％，亚麻油酸约占10％，脂肪伴随物质占0.5%~1.5%，还包含生化鲨烯、植物固醇、酚类化合物、维生素E群（生育酚）。	增强机体新陈代谢功能，其中Omega-3脂肪酸在人体中转化为DHA，能增加胰岛素的敏感性，降低肥胖和糖尿病的患病概率。橄榄油还能降低体内葡萄糖含量，是预防和控制糖尿病最好的食用油。	1 用橄榄油替代动物油烹饪。 2 尽管橄榄油被称为是最健康的植物油，但也不可过量，每天食用量应该控制在25毫升以下，以免造成肥胖。
苦茶油	含有丰富的油酸，其他还有亚油酸、亚麻酸、棕榈酸、硬脂酸、苦茶甙、茶多酚、角鲨烯、皂甙及黄酮类物质。	苦茶油能降低人体血清中的胆固醇含量，保护心脑血管系统，有效预防糖尿病、高血压等疾病。	1 将木耳菜与少许猪肝切片，用苦茶油炒熟即可，能治疗糖尿病及脚部抽筋。 2 苦茶油炒木耳菜具有控制血糖的作用。

油品名称	营养成分	疗 效	使用建议
亚麻籽油	γ-亚麻酸、Omega-3脂肪酸、γ-亚麻酸、谷氨酸、精氨酸、色氨酸、丙氨酸、甘氨酸。	Omega-3脂肪酸可降低血液中的高胆固醇及三酸甘油酯,将多余的高胆固醇转变为胆酸排出体外,还能降低高血压、高血脂,改善血液循环,预防血管阻塞及心脏病,对糖尿病患者很有帮助。	1 口服:成人每日摄入量为15~20毫升,儿童为5~10毫升。 2 食用油:低温烹饪,凉拌,调味,烘焙。
紫苏籽油	主要成分为γ-亚麻酸,其他还有棕榈酸、硬脂酸、油酸等。	紫苏籽油中含有多元不饱和脂肪酸,具有降低胆固醇、降血脂的功效。	紫苏籽油性温,但不可大量服用,成人每日5~10毫升,儿童每日1~5毫升,滴在馒头或面包上即可。
玉米胚芽油	不饱和脂肪酸含量高达80%~85%,并且不含胆固醇,又富含维生素A、维生素D、维生素E。	玉米油能溶解血液中胆固醇的积累,减少对血管产生硬化影响,对老年性疾病动脉硬化及糖尿病等具有积极的预防作用。	1 不宜高温。 2 不宜重复使用。 3 做菜时不要烧焦,否则容易产生过氧化物。 4 保存在阴凉处,尽量避免与空气接触,易产生氧化。
甜杏仁油	蛋白质、碳水化合物、维生素E及钙、镁、硼、钾等微量元素。	有调节胰岛素和血糖水平的作用,是糖耐量低减与糖尿病患者的食疗食品之一。	配方: 10毫升甜杏仁油/2~5滴薰衣草/洋甘菊/玫瑰/茉莉/橙花精油。

消化系统疾病
Digestive System Disease

Q: 什么是消化系统疾病？

A:

　　人体消化系统是由消化道和消化腺两部分组成的，包括口腔、咽、食道、胃、小肠、大肠等，是人体九大系统之一，主要负责摄取、运输、消化食物和吸收营养、排泄废物等，对整个胃肠道的协调非常有益。

　　消化系统疾病是我们生活中最常见的一种疾病，除去参与消化的器官和腺体病变之外，还包括其他系统和全身性症状。常见的消化系统疾病包括食管炎、浅表性胃炎、十二指肠溃疡、胃溃疡、慢性结肠炎、结肠性肠炎、细菌性肠炎、肠梗阻、肝炎、肝硬化、胰腺癌等。

Q: 得了消化系统疾病会怎么样？

A:

　　消化系统疾病患者常有恶心、呕吐等症状，主要由反射性或流出道受阻产生，常见于胃癌、胃炎、幽门梗阻等，肝、胆道、胰腺、腹膜的急性炎症也可引起。消化器官膨胀、肌肉痉挛、腹膜刺激等因素也会导致腹部疼痛和不适，表现为消化性溃疡、肝炎、溃疡性结肠炎及胃癌、肝癌等。消化系统疾病也会导致肠道吸收障碍，出现腹泻、腹痛、肛周不适等。

Q: 消化系统疾病该怎么选择植物油？

A:

　　合理选择、利用植物油，不仅能够强化肝、胆、肠、胰脏、胃的功能，还能增强免疫系统的防御功能，保持大脑运转的敏捷和舒畅，抑制致炎分子，保护体内黏膜，有助于消化系统恢复正常运转。日常饮食中应该多摄取一些Omega-3脂肪酸含量丰富的植物油，如大麻籽油、亚麻籽油、油菜籽油、大豆油、海藻油、紫苏籽油等，能减少发炎的过程和症状，是保护肠道最健康的方法。还可以选择富含短链脂肪酸的油类，如牛油、鲜奶油，或者是中链脂肪酸，如椰子油等，不需要胆汁的协助，就可以轻松地将食物消化。

油品名称	营养成分	疗效	使用建议
沙棘油	饱和脂肪酸、不饱和脂肪酸、黄酮类化合物、酚类及有机酸类、氨基酸、维生素C、5-羟色胺、葡萄糖及钙、硒、铁、镁等多种微量元素。	沙棘油中含有大量的氨基酸、有机酸等多种营养成分，有效促进胃酸的生物合成，刺激胃液分泌，具有消食化滞、健脾养胃等功效，适用于治疗消化不良、腹胀、胃炎、肠炎及十二指肠溃疡等疾病。	1 每日早起后，空腹食用10~15毫升的沙棘油效果最佳，有利于修复胃黏膜损伤。 2 若不习惯沙棘油的味道或者口服，可以用作烹调用油。
黑种草油	亚麻油酸含量高达50%~60%，还有油酸、α-次亚麻油酸、脂肪伴随物、精油成分、植物固醇等。	黑种草油能够保护和增强人体免疫系统，消化系统是我们体内最大的免疫系统，口服黑种草油能保护胃肠黏膜，改善胃肠胀气的状况，达到治疗消化系统疾病的效果。	按摩配方：荷荷芭油7毫升，黑种草油3毫升，甜橙精油3滴，薰衣草精油2滴，柠檬精油1滴。
苦茶油	含有丰富的油酸，其他还有亚油酸、亚麻酸、棕榈酸、硬脂酸、苦茶甙、茶多酚、角鲨烯、皂甙及黄酮类物质。	苦茶油能提高脾胃、肝胆和肠道的功能，预防胆结石，对胃炎和胃十二指肠溃疡有治疗作用，还具有润肠通便的效果，适合胃肠弱的人食用。	每日清晨起床后空腹食用10毫升苦茶油，坚持服用两个月即可有效治疗胃溃疡、胃寒、胃弱等疾病。
椰子油	含游离脂肪酸20%、亚油酸2%、棕榈酸7%、羊脂酸10%、油酸2%、月桂酸45%等。	椰子油是我们日常食物中唯一由中链脂肪酸组成的油脂，有利于人体消化吸收，对身体的酶和荷尔蒙系统的压力很小。中链脂肪酸还有天然的综合抗菌能力，能杀死引起疾病的细菌、真菌、病毒及寄生虫。	1 成人每日可食用57~114毫升椰子油，同时还要大量饮水和服用维生素C。 2 可用椰子油烹调食物或加入饮料中，可以改善口感。 3 涂抹在皮肤上，加以按摩，充分吸收，也可以起到保健功效。

消化系统疾病该怎么选择植物油？

老年痴呆症

Alzheimer Disease

Q: 什么是老年痴呆症？

A:

　　老年痴呆症，又被称为是阿尔茨海默症，是一种起病缓慢的进行性发展的神经系统退变性疾病，65以前的发病者称为早老性痴呆，65岁以后发病的患者称为老年性痴呆，主要以进行性大脑认知功能障碍为特征，伴随记忆力降低和个性、行为的改变。老年痴呆症患者的视觉空间功能、语言交流能力、抽象思维能力、学习和计算能力及日常生活工作能力下降，并会严重影响日常工作和社会活动。

　　老年痴呆症是在多种因素的作用下发病的，与家族遗传、头部外伤、甲状腺疾病、孕育年龄过高或过低、免疫系统的进行性衰竭、慢性病毒感染等原因密切相关。

Q: 得了老年痴呆会怎么样？

A:

　　由于老年痴呆症病因隐匿，当出现这些前兆症状时，患者就应该注意了：记忆障碍、语言障碍、视觉空间机能障碍、书写困难、失认和失用、计算障碍、判断力差、注意力分散、精神障碍、性情大变、行为改变、运动障碍等。不同时期，老年痴呆症患者的表现也不一样：

轻度	① 判断能力下降；　② 社交困难，轻度语言功能受损； ③ 独立能力逐渐丧失；　④ 出现定向障碍； ⑤ 言语词汇减少，命名困难； ⑥ 出现忧郁或攻击行为。
中度	① 健忘症愈加严重；　② 不能独立生活； ③ 个人自理能力下降； ④ 语言交流困难；　⑤ 情感由淡漠变为急躁不安，常走动不停； ⑥ 尿失禁；　⑦ 出现幻觉，常会走失。
重度	① 严重记忆力丧失；　② 完全丧失独立自理能力； ③ 大小便失禁； ④ 呈现出缄默、肢体僵硬；　⑤ 在公共场合出现不适当行为； ⑥ 行动不便，需要依赖轮椅甚至是卧床不起； ⑦ 昏迷，一般死于感染等并发症。

Q:　老年痴呆该怎么选择植物油？

A:　随着年龄的增长，人体的细胞和组织功能会逐渐退化，在饮食方面，含有Omega-3脂肪酸与γ-次亚麻油酸在这方面具有卓越的疗效，能够抑制发炎和失调，还是支持和保护神经细胞重生的重要构成成分。预防老年痴呆症最好的方式就是采取抗发炎和调整失律的饮食习惯，可以加入适量的亚麻籽油、大麻籽油或者是雪松籽油等。

老年痴呆该怎么选择植物油？

油品名称	营养成分	疗 效	使用建议
橄榄油	富含单不饱和脂肪酸、维生素A、维生素B、维生素D、维生素E、维生素K及抗氧化剂。	橄榄油中的有效营养成分具有抗衰老与利智健脑的作用，能减慢老年人神经细胞功能退化和大脑萎缩的速度，进而能预防和推迟发生老年性痴呆。	每日空腹口服10~15毫升特级初榨橄榄油，具有增强免疫力、记忆力，延缓衰老的作用。
大麻籽油	含有抗氧化剂、维生素A、维生素B、维生素E、胡萝卜素、钙、镁、锌等微量元素及多种矿物质，还有植物甾醇、硬脂酸、磷脂及人体必需的多种氨基酸。其中Omega-6脂肪酸和Omega-3脂肪酸的比例为1:1，非常适合日常食用。	含有丰富的生育酚、植物甾醇、Omega-3脂肪酸和γ-次亚麻油酸，能帮助降低血液中胆固醇含量，消除人体自由基，保护大脑功能，具有很高的利用价值，可预防老年人高血压、中风、心脏病、情绪紊乱及老年痴呆症。	1 大麻籽油最好是常温食用，加入到沙拉、烹炒或者是加入到果汁中冲饮即可。 2 大麻籽油不适合加热。若一定要加热，一定要快速烹炒，尽量缩短加热时间。

油品名称	营养成分	疗 效	使用建议
核桃油	核桃油中不饱和脂肪酸的含量高达90%，以Omega-6亚油酸和Omega-3亚麻酸为主，还富含维生素A、维生素D等营养物质。	核桃油中含有丰富的卵磷脂、不饱和脂肪酸及抗氧化成分，能够保护神经系统，增强记忆力，还能提高机体抵御疾病的能力，非常适合老年痴呆症患者。	1 口服：每日清晨空腹直接饮用，成人为10~15毫升。 2 食用油：烹饪、凉拌或加在牛奶、酸奶、蜂蜜中冲饮。
葵花籽油	90%属于不饱和脂肪酸，亚油酸占66%，还有维生素、胡萝卜素、植物固醇、甾醇、磷脂、葡萄糖。	葵花籽油中的维生素E具有抗氧化的作用，能延缓人体细胞的衰老，起到强身健体和延年益寿的作用。	葵花籽油不能直接服用，应与肉类或蔬菜烹调后食用。
芝麻油	含有人体必需的不饱和脂肪酸和氨基酸，还含有维生素E、矿物质及钙、铁等微量元素。	芝麻油具有补肝肾、益五脏、填脑髓等功效，可以帮助增强抵抗力，保护心血管系统，非常适合老年人食用，能预防和治疗老年痴呆症。	芝麻油的用途多样，无论是凉拌、调汤、蘸酱，还是调和冲饮等都非常醇香可口。
花生油	富含油酸、亚油酸，还有硬脂酸、花生酸、维生素E、微量元素、白藜芦醇。	花生油中含有大量的胆碱，可以促进脑部发育，增强记忆力，预防脑萎缩。	1 花生油香味浓郁，不用放太多，一点就很香。 2 花生油中的亚麻酸不多，最好搭配一些富含亚麻酸的植物油，如亚麻籽油。 3 最好买小瓶装，可防止变质。
油菜籽油	芥酸、油酸、亚油酸、亚麻酸、生育酚、甾醇、维生素E、钙、磷等。	油菜籽油中的不饱和脂肪酸和维生素E能被人体很好地吸收利用，可起到软化血管、抗氧化的作用，而其中的种子磷脂对血管、大脑及神经系统发育有很大的帮助。	1 蒸、煲汤：清爽不油腻、提味增色。 2 热炒、煎炸：去腥添香、美味可口。

癌症
Cancer

Q: 什么是癌症？

A:

从医学上讲，癌症就是恶性肿瘤，泛指一切肿块样形态的病变，有良性和恶性两大类。而癌症是起源于上皮组织的恶性肿瘤，是最常见的一类，主要是由于人体在环境污染、化学污染、辐射、自由基毒素、微生物及代谢毒素、遗传特性、内分泌失衡、免疫功能紊乱等等各种致癌物质或者致癌因素作用下，导致身体正常细胞发生癌变，常表现为局部组织的细胞异常增生而形成的肿块，以无限制、无止境、营养物质大量消耗为特点，转移到全身各

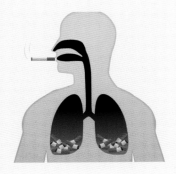

处生长繁殖，会导致人体消瘦、无力、贫血、食欲不振、发热、脏器功能受损等等，还可能破坏组织、器官的结构和功能等，引起坏死出血并感染，而患者最终也会由于器官功能衰竭而死亡。据研究表明，癌症具有家族性和遗传性；另外，长期患有消化系统疾病、长期吸烟或酗酒等人群和长期抑郁症患者和特殊职业者都是癌症的高危人群。

Q: 得了癌症会怎么样？

A:

癌症是恶性肿瘤的统称，由于发生部位不同，临床表现也不尽相同。局部表现为在身体表面或者深部可以触摸到像鸡蛋或者兵乓球一样的肿块，伴随疼痛，表现为隐痛或者是钝痛，多发于夜间，而由于某些体表癌的癌组织生长快，营养供应不足，还会出现组织坏死、溃疡，并发感染时甚至会散发出恶臭味，一般只有通过胃镜、结肠镜才能发现。一些癌症患者也会出现咯血、痰中带血或者是胃肠出血等，而若肿瘤出现在大脑部，会压迫神经，引发视力障碍、面瘫等神经系统疾病，而出现在骨骼上则会导致骨折，肝癌则会引起血浆蛋白减少而导致肝腹水等。

据世界卫生组织统计，目前全世界癌症患者约达1400万，每年新发患者数约700万，每年约有500万人死于癌症，约每6秒钟就有1人死于癌症。而在中国，估计每年新增病例约120万，每年约有100万人死于癌症。因此，及时预防、发现和治疗癌症刻不容缓。

Q: 癌症患者该怎么选择植物油?

A: 纯天然植物油中的Omega-3脂肪酸和γ-次亚麻油酸富含能让情绪稳定下来的营养成分,同时还具有抑制致炎分子的作用,对于治疗癌症患者恐惧、绝望、体力不支、失眠等症状很有帮助。亚麻籽油、紫苏籽油、玫瑰籽油及黑醋栗籽油等带有疗愈性的植物油,能够提高人体的抗氧化能力,预防和抑制癌症。

癌症患者该怎么选择植物油?

油品名称	营养成分	疗 效	使用建议
亚麻籽油	单一不饱和脂肪酸、多元不饱和脂肪酸(以Omega-3脂肪酸为主)、饱和脂肪酸、黏性物质、维生素E、木酚素。	亚麻籽油含有丰富的木酚素,使癌细胞的细胞膜变得更加不饱和,容易被破坏,能帮助抑制癌细胞的形成和生长,对乳腺癌、肠癌、肾癌及胰腺癌等有辅助治疗作用。	抗癌食疗法:在酸奶或乳酪中加入亚麻籽油,混合均匀后直接饮用。每次使用量控制在5~10毫升。
紫苏籽油	含有多元不饱和脂肪酸,包括棕榈酸、硬脂酸、油酸、亚油酸、α-亚麻酸。	研究表明,紫苏籽油能明显抑制化学致癌剂DMBA所致的乳腺癌的患病概率,还能降低结肠网膜鸟氨酸等的活性,能够抑制结肠癌的产生。	抗癌配方:每日取5~10毫升紫苏籽油与无糖酸奶搅匀后食用。
沙棘油	含有不饱和脂肪酸、黄酮、维生素、植物甾醇、微量元素、α-生育酚、类胡萝卜素等。	沙棘油中的花青素、苦木素、香豆素、5-羟色胺等可抑制黄曲霉菌等致癌物质或病菌的入侵,有效预防癌细胞的形成和生长,还能减轻放疗及化疗的副作用,尤其适宜于胃癌、食道癌、肝癌、肠癌等患者。	建议每人每日饭后按照5~10毫升的用量,用温开水送服即可。

油品名称	营养成分	疗效	使用建议
苦茶油	单一不饱和脂肪酸、多元不饱和脂肪酸、饱和脂肪酸、脂肪伴随物、维生素、矿物质、茶多酚、叶绿素等。	苦茶油中的苦茶甙有抗癌、强心的作用。苦茶油中的茶多酚还具有抗氧化、抗菌消炎的功效，另一种物质角鲨烯还可以有效预防肿瘤，帮助抵抗癌细胞。	1 煎、炸、炒：耐高温，抗氧化能力强。 2 蒸煮、烘烤：适当加入一些苦茶油，可使味道更加鲜美。 3 凉拌：苦茶油用作凉拌菜时，可使味道更加清脆，还带有淡淡的茶香。
月见草油	γ-亚麻油酸、油酸、棕榈酸、硬脂酸、镁、铜、维生素C、维生素E、维生素B$_5$等。	月见草油含有大量的γ-亚麻油酸，能够抑制血小板凝集，具有防癌抗癌功效，能有效杀死脑癌及前列腺癌细胞。	将适量月见草油与100~200毫升的酸奶混合后，根据个人口味加入蜂蜜，口感更佳，每日服用即可。
苦杏仁油	富含蛋白质、不饱和脂肪酸、维生素E、无机盐、膳食纤维及生育酚、苦杏仁甙、亚油酸、棕榈酸等。	杏仁油中的苦杏仁甙是天然的抗癌活性物质，能有效抑制癌细胞的形成和扩散，非常适合大脑记忆力衰退、高血压、癌症等患者食用。	1 直接饮用：将苦杏仁油加入米饭、菜、米粉、奶粉中食用。 2 与牛奶、酸奶、蜂蜜和果汁冲调饮用。 3 蘸酱或调味亦可。
葵花籽油	富含不饱和脂肪酸、胡萝卜素、维生素E、维生素B$_3$、葡萄糖、蔗糖。	含有较多的维生素A和胡萝卜素，具有抗氧化的功效，能治疗夜盲症，预防细胞衰老，治疗失眠，提高记忆力，降低血清中胆固醇浓度，促进细胞新生，保护人体健康。	1 葵花籽油可以直接用来烹饪，能使菜味清香，口感纯正，没有油腻感。 2 葵花籽油不适合肝炎患者和肝功能不佳者。又因为含有抑制睾丸的成分，不适宜阳痿早泄的男性患者。

多发性硬化症
Multiple Sclerosis

Q: 什么是多发性硬化症?

A:

多发性硬化症（MS）是最常见的一种中枢神经脱髓鞘病，以中枢神经系统（CNS）白质脱髓鞘病变为特点，遗传易感个体与环境因素作用发生的全身免疫性疾病，具有发病率高、病程慢及青壮年易感染的特征，常发于视神经、脊髓和脑干，与遗传因素、环境因素和病毒感染及患者的自身免疫力有很大关系。

目前常见的多发性硬化症有复方缓解型、继发进展型、原发进展型和进展复发型四种，其中第一种是最常见的病症类型，约占总人数的80%。

Q: 得了多发性硬化症会怎么样?

A: 多发性硬化症病变比较复杂，起病年龄多见于20～40岁之间，男女患病之比约为1:2，多数为亚急性起病，临床表现为病变部位比较多发，还有在治疗上比较反复，也就是空间和时间上都表现为多发性。表现为以下症状：

四肢乏力	这种症状最为常见，患者常会有一个或者是多个肢体无力，以上肢表现较为明显，可能会出现偏瘫、截瘫或四肢瘫痪。
感觉器官异常	肢体会出现针刺般的麻木感，感觉四肢发冷，犹如蚂蚁在身上游走，还会有瘙痒感及尖锐、烧灼样痛感，感觉逐渐出现障碍等。
眼部病变	常表现为急性视神经炎或者是球后视神经炎，视力下降，眼睛容易疲劳，检查时眼部可见水肿，继而出现视神经萎缩。
精神异常	患者有抑郁、狂躁、易怒等情绪，部分患者则表现为兴奋、淡漠、嗜睡、反应迟钝等现象，智力下降，言语不清，有被迫害妄想症，记忆力也会衰退，最终出现认知困难。
膀胱功能障碍	尿频、尿急、尿失禁，伴随着脊髓功能障碍。
免疫系统异常	患者自身免疫系统下降，伴随有风湿病、类风湿综合征、重症肌无力、干燥综合征等。
发作性症状	主要指由某种因素诱发的短暂的感觉或者运动异常，出现强直痉挛、感觉异常、癫痫、疼痛难忍、共济失调等症状。

Q:　多发性硬化症该怎么选择植物油？

A:

多发性硬化症是一种自体免疫系统疾病，这是由于慢性的脑部神经和背部脊髓神经发炎所致。治疗多发性硬化症的方式，就是采用Omega-3脂肪酸和γ-次亚麻油酸作为辅助疗法，是很好也很有成效的保健方法，因为它们能遏制致炎因子及排除多元不饱和脂肪酸等致炎成分。

多发性硬化症该怎么选择植物油？

油品名称	营养成分	疗效	使用建议
月见草油	γ-亚麻油酸、维生素A、维生素C、维生素B₆及镁、锌、铜等微量元素。	月见草油含有大量的必需脂肪酸——γ-亚麻油酸，其活性比亚麻油酸高了十几倍，并且最早利用月见草来治疗的疾病就是多发性硬化症、异位性皮肤炎、风湿性关节炎。	按摩油配方：月见草油10毫升，罗马洋甘菊精油3滴，丝柏精油3滴，天竺葵精油3滴。
琉璃苣籽油	含有非常丰富的γ-亚麻油酸、Omega-6亚油酸等不饱和脂肪酸及多种维生素和矿物质成分。	协助治疗神经功能紊乱，帮助治疗多发性硬化症。	食用琉璃苣籽油，避免加热，在上桌前加入到食物中即可。相比加热会破坏其有效成分而言，常温食用更能保留营养成分。
大豆油	含有大量的亚油酸等不饱和脂肪酸、维生素A、维生素D，其他还有棕榈酸、油酸、硬脂酸、花生酸、亚麻酸。	大豆油中的不饱和脂肪酸能够清除血液中多余的胆固醇，促进血液循环，而豆磷脂有益于神经、血管和大脑的发育，不含致癌物质黄曲霉素，有益于保护机体功能的正常运转。	大豆油9毫升，每天温服1次，连服3天，可辅助治疗多发性硬化症。

油品名称	营养成分	疗　效	使用建议
小麦胚芽油	富含亚油酸、亚麻酸、甘巴碳醇、维生素E等多种生理活性成分。	小麦胚芽油中的维生素E含量极高，能有效清除人体内的自由基，起到抗氧化的作用，还能促进新陈代谢和细胞再生，能调节人体免疫系统，对辅助治疗多发性硬化症有重要意义。	1 口服：晨起服用5毫升的小麦胚芽油。 2 凉拌：能增加色泽，改善口感。 3 按摩：适用于身体各部位，轻轻按摩至吸收，有利于发挥其抗氧化功能。
牡丹籽油	含有超过40%的α-亚麻酸，还含有维生素A、维生素E、烟酸、胡萝卜酸等。	牡丹籽油中α-亚麻酸的含量是橄榄油的140倍，含独特的牡丹皂甙、牡丹酚、牡丹甾醇等活性物质，被称为是"植物脑黄金"，可辅助治疗多发性硬化症。	每天直接内服6~10毫升牡丹籽油，对身体大有裨益。
葵花籽油	以高含量的亚油酸著称，还含有甾醇、胡萝卜素、维生素E、维生素B$_3$、葡萄糖、蔗糖。	葵花籽油中不饱和脂肪酸的含量高达90%，而维生素E等强效抗氧化剂能有效清除体内自由基，保护人体免疫系统，可抑制多发性硬化症的发病率。	热锅冷油的健康烹调法；油炸次数不要超过3次，使用过后不要再倒入原油中，避免变质；置于阴凉干燥处，密封保存，避免氧化。
红花籽油	主要成分是亚油酸，其次是油酸，还含有大量的维生素E、谷维素、甾醇等物质。	红花籽油含有大量的不饱和脂肪酸，不但能够预防心血管疾病，还能强化人体新陈代谢机制，提高细胞的活性，维持人体健康。	1 直接饮用：精制的红花籽油可以直接口服。每人每日建议摄取量为60毫升。 2 冲调：将一个鸡蛋打散加入20毫升红花籽油，并加蜂蜜以开水冲服，一天一次即可。 3 食用油：可凉拌，可煎、炸、烹炒等。

骨质疏松症
Osteoporosis

Q: 什么是骨质疏松症？

A:

根据世界卫生组织（WHO）定义，骨质疏松症是一种以骨量低下、骨微结构损坏、骨脆性增加，易发生骨折为特征的全身性骨病。它是由多种原因引起的骨强度下降、骨折风险性增加为特征的骨骼系统疾病。女性发生骨质疏松性骨折的概率比乳腺癌高，而男性发生骨质疏松性骨折的概率远高于前列腺癌。

按照发病原因，骨质疏松症分为两大类：一是原发性骨质疏松症，包括绝经后骨质疏松症、老年骨质疏松症和特发性骨质疏松症；二是继发性骨质疏松症，指任何影响骨代谢的疾病或者是药物导致的骨质疏松症，如糖尿病、甲亢、血液系统疾病、肿瘤、肾脏病变等。

Q: 得了骨质疏松症会怎么样？

A:

骨质疏松症以骨量减少、骨微结构破坏、骨脆性增加、骨强度降低、易骨折等为特点，临床表现为腰背疼痛、脊柱变形或者是日常活动中极易发生脆性骨折，反映在内脏上主要为脊柱畸形、胸廓变窄、心肺功能障碍、继发性重要脏器病变，严重影响患者的日常生活。

据调查表明，世界近1.5亿60岁以上的老人骨质疏松症的发生率在60%左右，并发骨折者高达12%，而约有6900万50岁以上的人群患有骨质疏松症。此外，女性发生骨质疏松性骨折的危险性甚至比乳腺癌、子宫内膜癌和卵巢癌的概率高出很多，而男性发生骨质疏松性骨折的危险远高于前列腺癌。

以下人群易患骨质疏松症：

中老年人群	饮食营养失衡
绝经后的女性	低钙高钠饮食
体重过低者	维生素摄入不足
性腺功能低下者	蛋白质摄入不均衡
吸烟、酗酒、爱喝浓茶者	影响骨组织代谢
不爱运动、缺乏锻炼者	内分泌紊乱

Q: 骨质疏松症该怎么选择植物油？

A:

中医学上认为，植物油本身属于温热性的食物，有利于中和骨质疏松症患者体内的"寒"症。所以，改善个人饮食，多摄取蔬果和天然植物油，特别是亚麻籽油和大麻籽油，便能够有效预防这类疾病的发生；此外，平时也要保持经常运动的习惯。若偏食肉类食物，过量摄取天然成分的食品和长时间处于压力下都会使身体呈现酸性，使我们身体的调节系统超出负荷。

骨质疏松症该怎么选择植物油？

油品名称	营养成分	疗　效	使用建议
亚麻籽油	富含α-亚麻酸，亚油酸等不饱和脂肪酸及种类齐全的氨基酸、类黄酮类化合物、非皂化合物及钾、锌等微量元素。	亚麻籽油中含有的Omega-3脂肪酸能够保护骨骼健康，帮助正常骨矿化，有利于强健骨骼，预防骨质疏松症。	每日口服30毫升亚麻籽油，坚持服用1~2个星期，有利于强健骨骼，提高人体运动性能。
大麻籽油	含有丰富的γ-亚麻酸、胡萝卜素、生育酚、植物甾醇、维生素E、锌、镁、铁和磷等。	大麻籽油营养丰富，不仅含有抗氧化剂，还含有人体必需的基础氨基酸和丰富的维生素，能够增加体细胞的携氧量，帮助人体排出毒素，增强免疫系统，防止病毒入侵，从而保护人体骨骼系统，达到强筋健骨的目的。	服用大麻籽油，建议从小剂量开始，每次建议使用量为5~10毫升，可慢慢增加分量到10~20毫升，以免服用过量。
大豆油	棕榈酸、油酸、硬脂酸、亚油酸、花生酸、亚麻酸，尤其以亚油酸含量最丰富，还富含钙、磷等微量元素及多种维生素。	大豆油中含有丰富的钙质，既能降低人体内钙质的流失，又能增加人体生理功能正常运转所需要的钙元素，具有预防骨质疏松症的效果。	1 日常饮食中主要用作烹调用油：煎、炒、煮、炸。 2 做调和油：常与橄榄油、紫苏籽油、亚麻籽油等调和使用。

油品名称	营养成分	疗　效	使用建议
橄榄油	含有丰富的单不饱和脂肪酸——油酸，还有维生素A、维生素B、维生素D、维生素E、维生素K及抗氧化物。	能增强骨骼对钙的吸收，有利于预防骨质疏松症。而且橄榄油中的营养成分类似母乳，能促进宝宝神经和骨骼发育，非常适合孕妇和婴幼儿食用。	1 海南鸡饭，P56。 2 干贝沙拉，P56。 3 布斯伽塔番茄沙拉，P56。
琉璃苣籽油	γ-亚麻油酸、亚油酸、棕榈酸、硬脂酸。	加强钙质的吸收和生成，维持骨生长和强度，提高身体免疫力，还能减轻疼痛，对抗发炎。	琉璃苣籽油应避免加热，在食物烹饪好之后上桌前加入即可。
葵花籽油	含有丰富的不饱和脂肪酸，包括亚油酸，还有维生素E、植物固醇、磷脂、胡萝卜素、葡萄糖和蔗糖等营养成分。	葵花籽油极易被人体吸收，含有多种营养物质，可以促进人体细胞的再生和生长，长期食用有强身健体、延年益寿的作用。	1 若是高油酸葵花籽油，可煮、炸、水炒、凉拌；若是一般葵花籽油，则不能加热。 2 美肤的应用：可以涂抹皮肤，改善皮肤干燥、粉刺、青春痘肤质。
荷荷芭油	矿物质、维生素A、维生素B、维生素D、胶原蛋白、蛋白质、植物蜡。	荷荷芭油有良好的渗透性，适合油性敏感皮肤、风湿、关节炎、痛风的人使用。荷荷芭油含有丰富的维生素D，可坚固骨骼，预防小儿佝偻病和老年骨质疏松症。	荷荷芭油可以作为基底油，搭配精油做按摩油使用，如薄荷10滴、薰衣草12滴、柠檬8滴、荷荷芭油30毫升。

静脉曲张
Varicosity

Q: 什么是静脉曲张？

A:
　　静脉曲张俗称"炸筋腿"，属于静脉系统最常见的疾病。形成静脉曲张的主要原因是先天性血管壁膜比较薄弱，或者人体长时间维持相同姿势而很少改变，血液蓄积在下肢，日积月累的情况下，静脉瓣膜就会遭到破坏而导致静脉压过高，从而使血管突出皮肤表面。静

脉曲张一般发生于下肢，其他腹腔静脉、胃部食管静脉、阴囊精索等也会发生静脉曲张。造成静脉曲张的主要原因有以下几个方面：

　　（1）穿孔失效：当穿孔静脉瓣膜功能出现问题，血液任意流动，便会对浅层静脉构成压力，静脉扩张。

　　（2）血管疾病：曾患静脉血管栓塞的人，瓣膜功能可能会因此受损。

　　（3）吸毒人士：利用针筒吸毒的人士，深层静脉的瓣膜容易受损。

　　（4）怀孕妇女：女性荷尔蒙会使静脉扩张，瓣膜不能覆盖静脉，不能阻止血液倒流。

　　（5）肥胖人士：因为下肢需要支撑庞大的身躯，静脉压力增加。

Q: 得了静脉曲张会怎么样？

A:
　　静脉曲张患者典型症状是小腿和踝关节周围有紫红色瘀斑、色素加深、皮肤瘀斑、肢端溃疡、周围组织灌注不良、静脉曲张性溃疡，表现如下：

　　（1）静脉血栓形成：部分患者可以在曲张的浅静脉内形成血栓，表现为局部红肿痛、硬块形成、疼痛，影响行走。如果不及时治疗，血栓可能会向上或通过交通静脉蔓延到深静脉，造成深静脉血栓，有发生肺栓塞而危及生命的风险。

　　（2）局部坏疽、溃疡：如果是深静脉瓣膜功能不全，严重时静脉回流受阻，病情严重时，则会出现小腿站立时有沉重感，容易感到疲劳，且会出现下肢肿胀、疼痛，到后期就会出现萎缩、湿疹、溃疡等症状。

Q: 静脉曲张该怎么选择植物油?

A: 　　我们可以通过均衡的饮食及保持良好的运动习惯来缓和静脉曲张。另外,使用精油保健的疗法也是不错的选择,最好的方法还是每天坚持食用一茶匙的亚麻籽油或者是大麻籽油,并加入姜黄粉,效果会更佳。在蒸煮等料理时,也可以加入葡萄籽油、橄榄油、油菜籽油或者芝麻油。

静脉曲张该怎么选择植物油?			
油品名称	营养成分	疗　效	使用建议
琼崖海棠油	油酸30%~35%、亚麻油酸含量17%~39%、不饱和脂肪酸约30%、脂肪伴随物质(主要是树脂和精油成分)。	能活络人体部分血液,使静脉中的血液顺畅,保证血液循环的正常运转,可稳定静脉,对静脉曲张等问题很有帮助。	1 将琼崖海棠油和橄榄油按照1:9或2:8的比例混合均匀后涂抹皮肤上即可。 2 将琼崖海棠油与其他精油,如松红梅、胡椒、薄荷或者是玫瑰精油等搭配使用,能够治疗疱疹。
葡萄籽油	亚麻油酸70%、油酸15%~20%、饱和脂肪酸7%~10%、脂肪伴随物(类黄酮、花青素、儿茶素、维生素E及卵磷脂)0.5%~2%。	葡萄籽油被称作是"抗老化之先驱",含有大量的抗氧化剂,不但能促进细胞再生,对于心脏和血管及免疫系统方面也都有很好的帮助,能够改善血液循环,稳定组织细胞,预防静脉曲张。	配方:10毫升葡萄籽油/2~5滴薰衣草/天竺葵/佛手柑/柠檬精油。

油品名称	营养成分	疗　效	使用建议
亚麻籽油	α-次亚麻油酸约58%、油酸约17%、亚麻油酸约15%、饱和脂肪酸约10%、脂肪伴随物质（主要是黏性物质和维生素E）。	亚麻籽油中的α-次亚麻油酸能够促进血液循环，改善血液浓度，减低血液的黏性，增强血液的流动性，预防静脉血栓。	直接饮用或者是与松花粉冲饮，建议每日摄取量为15~20毫升。
大麻籽油	亚麻油酸约54%、α-次亚麻油酸约17%、γ-次亚麻油酸约4%、油酸约13%、饱和脂肪酸约10%、脂肪伴随物质。	大麻籽油中的亚麻油酸与α-次亚麻油酸是最理想的3：1的比例，对于维护和支持免疫系统的运作具有重要作用，是治疗静脉曲张的不错选择。	大麻籽油口感不佳，可以在沙拉料理、炒菜或者是酸奶、饮料中加入大麻籽油增加风味、改善口感，增强保健功效。
橄榄油	油酸55%~83%、亚油酸含量3.5%~21%，棕榈酸7.5%~20%，还有少量的硬脂酸和亚麻酸。	橄榄油中含有大量的单不饱和脂肪酸，抗氧化性比较强，能够帮助人体避免血脂过稠、促进血液循环，保护心脑血管系统。	1 每日晨起后或者是临睡前，直接饮用15毫升橄榄油，可以降血脂、降血糖。 2 食用油：每日膳食中加入15~20毫升橄榄油，能够抑制细菌感染，预防胃肠病。
芝麻油	主要含有不饱和脂肪酸：油酸39.2%、亚油酸45.6%、亚麻酸0.8%。还有部分饱和脂肪酸：棕榈酸8.6%、硬脂酸4.9%、棕榈油酸0.5%。	芝麻油具有补肝肾、益精血的功效，其脂肪酸的比例非常理想，对人体健康极为有益，能够保护心脑血管系统，有效预防和治疗血管硬化、静脉曲张、高血脂等症。	1 芝麻油中的亚油酸含量极高，每人每日建议摄取量为2~4毫升即可。 2 芝麻油具有润肠通便的作用，患有急性胃肠炎及腹泻的人不宜食用。

类风湿性关节炎
Rheumatoid Arthritis

Q: 什么是类风湿性关节炎？

A:

类风湿性关节炎是办公室常见的一种疾病，表现在颈椎腰痛、压迫神经后导致肩膀、手臂等酸麻现象，严重者会有头晕、恶心等症状，患者初期都不以为意，但却是危害极大、反复发作的高致残性疾病，目前尚未有很好的根治方法。

在医学上，类风湿关节炎被定义为：一种病因未明的慢性的、以关节病变为主的全身自身免疫性疾病。其病理是滑膜衬里细胞增生、间质大量炎性细胞浸润，以及微血管的新生、血管翳的形成及软骨和骨组织的破坏等。在我国，类风湿性关节炎患病率为0.24%～0.5%，且以20～50岁患者居多，是造成我国人民劳动力丧失的主要病因之一。

Q: 影响类风湿性关节炎的因素有哪些？

A:

类风湿性关节炎的发病原理尚未完全明确，大多医学家认为这属于是人体自身免疫性疾病。患病者对外界环境条件、病毒、细菌、神经精神及内分泌因素的刺激具有较高的敏感性，特征是手足小关节的多关节、对称性、侵袭性关节炎症，导致关节畸形及功能丧失。具体可能与以下几种因素有关：

1.遗传因素：根据调查显示，RA家族同卵双胞胎中的发病率为15%，明显高于正常人群。

2.病毒感染：研究表明，一些病毒、支原体、细菌等可能通过某种途径影响RA病情，如EB病毒所致的关节炎与RA不同，RA患者对EB病毒较正常人有强烈的反应。

3.性激素：RA发病率男女之比为1：2～4，妊娠期病情减轻，服用避孕药的女性发病减少。在动物试验中，雄性的发病率较低，这说明性激素与RA有着一定的联系。

4.阴寒、潮湿、精神压力大、生活艰辛、经常疲劳、营养不良或者是神经系统疾病等，常为本病的诱发因素，但多数患者常无明显诱因可查。

Q: 得了类风湿性关节炎会怎么样？

A:

类风湿性关节炎患者半数以上临床表现呈隐匿性发病，起病初主要是一些全身症状，如四肢无力、厌食、肌肉关节疼痛等，关节症状在1周至数周内出现以下几种症状：

关节表现	晨僵、疼痛与压痛、肿胀、畸形，最多见的畸形有近端指间关节梭形肿大、爪形手、尺侧偏斜、掌指关节半脱位及腕关节固定等。
关节外表现	贫血是最常见的关节外表现，一般可能会有发热、类风湿结节、皮肤溃疡、淋巴结肿大等症状。
眼部	葡萄膜炎、干燥型结膜炎、角膜炎等。
呼吸系统	呼吸系统也会受到影响，从而出现胸膜炎、肺动脉炎、结节性肺病等。
心脏	累及心脏可能会出现心包炎、冠状动脉炎、心肌炎等表现。
神经系统	还会压迫神经，诱发神经系统病变，如脊髓病、外周神经病、继发于血管炎的缺血性神经病及等。
消化系统	患者服用治疗RA并发症的药物时，会影响消化系统的正常运转，出现腹痛、恶心、呕吐等症状。
老年发病的RA	老年患者以手足水肿、关节僵硬为明显特征，常因心虚管、感染或者是肾脏病功能受损而死亡。

Q: 类风湿性关节炎该怎么选择植物油？

A:

类风湿性关节炎发病原因有很多种，但根本原因是身体分泌过多造成发炎及疼痛的神经传导物质，Omega-3脂肪酸，如海藻油、亚麻籽油、大麻籽油等能够有效调节体质，长期食用能够减少疼痛。

类风湿性关节炎该怎么选择植物油？

油品名称	营养成分	疗效	使用建议
摩洛哥坚果油	Omega-3脂肪酸的含量相对于其他油品含量多，可以让脂肪摄取形态更为平衡，还含有维生素E、胡萝卜素及角鲨烯等成分。	坚果油中含有的植物甾醇是一种非常有益的消炎剂，对关节炎和类风湿病都很有好处。	用作其他植物油的替代油，用来做菜或凉拌佐餐都是不错的选择。

油品名称	营养成分	疗　效	使用建议
黑醋栗籽油	主要含有：亚麻油酸44%~48%、γ-次亚麻油酸11%~18%、α-次亚麻油酸10%~15%、油酸8%~16%。	黑醋栗籽油中的不饱和脂肪酸具有强大的医疗效果，能有效抑制发炎症状，活跃体内新陈代谢，对心脑血管疾病及风湿性疾病都有很好的影响。	黑醋栗籽油与大麻籽油及亚麻籽油的混合搭配能达到最好的效果。
荷荷芭油	维生素E、维生素C、鲸蜡醇、植物蜡、蛋白质、胶原蛋白、镁、钙等营养成分。	荷荷芭油中的鲸蜡醇对抗发炎具有卓越的疗效，在配置一些缓解关节炎、风湿疼痛的复方精油时，首选的就是荷荷芭油。	基底油按摩：荷荷芭油20毫升，薰衣草精油4滴，迷迭香精油3滴，德国洋甘菊精油3滴，用于按摩时能治疗类风湿性关节炎及关节痛。
琉璃苣籽油	富含人体必需脂肪酸——γ-亚麻油酸及亚油酸。	含有大量的γ-次亚麻油酸，被证实能缓解和减轻发炎症状，治疗疼痛、肿胀等由类风湿关节炎引发的症状。	作为胶囊服用是最为常见的内服方式，按照产品标识按量服用即可。
琼崖海棠油	香豆素，类黄酮，油酸30%~35%，亚麻油酸含量17%~39%，不饱和脂肪酸约30%，脂肪伴随物质14%~20%。	具有超强的抗菌消炎功效，能够抵抗病毒侵袭，促进伤口的愈合和细胞再生，对类风湿性关节炎、关节疼痛有很好的帮助。	缓解风湿痛配方：甜杏仁油7毫升，琼崖海棠油3毫升，马郁兰精油2滴，姜精油3滴，薄荷精油1滴。
苦茶油	含有丰富的不饱和脂肪酸及黄酮类物质，还含有钙、铁等微量元素及维生素E、茶多酚等物质。	苦茶油在治疗类风湿关节炎上声誉卓著，能纾解关节炎、风湿痛，还能对坐骨神经、四指僵硬或疼痛都有疗效。	基底油按摩：苦茶油20毫升，杜松子精油4滴，尤加利精油4滴，德国洋甘菊精油2滴。

过敏反应
Anaphylaxis

Q: 什么是过敏反应?

A:

　　过敏反应又被称为是变态反应,一般发生在一部分相对固定的人群中,指已经产生免疫的人体再次接受相同抗原刺激时所发生的组织损伤或者功能紊乱的反应,以发作迅速、反应强烈、消退快为特点,一般不会破坏组织细胞,有明显的遗传倾向和个体差异。日常生活中,我们经常看到一些人吃了鱼、虾、蟹等食物后,会发生呕吐、腹泻或者是皮肤瘙痒等现象,还有一些人吸入花粉、粉尘等,会发生鼻炎、哮喘,甚至休克,这些都是过敏反应。
这些引起过敏反应的物质就是医学上讲的过敏原,在它的刺激下,人体就会发生过敏反应。

　　常见的过敏原有2 000~3 000种,主要分为以下几种:

吸入式过敏原	花粉、粉尘、柳絮、动物皮屑、螨虫、油烟、汽车尾气、煤气……
食用式过敏原	牛奶、鸡蛋、海鲜、动物脂肪、酒精、毒品、抗菌素、消炎药……
接触式过敏原	紫外线、辐射、化妆品、洗发水、化纤用品、塑料、饰品、细菌……
注射式过敏原	青霉素、链霉素、异种血清……
自身组织抗原	精神紧张、微生物感染、烧伤、工作压力大、电离辐射……

Q: 有过敏反应会怎么样?

A:

　　过敏反应的发生是一个复杂而抽象的过程,在临床上主要表现为以下症状:一是呼吸道阻塞症状,由喉头水肿、气管和支气管痉挛及肺水肿引起的,表现为胸闷、心悸、呼吸困难及脸色涨红等;二是指微循环障碍症状,由微血管扩张所致,表现为面色苍白、烦躁不安、畏寒怕冷及血压下降等;三是中枢神经系统症状,由脑部缺氧所致,表现为意识丧失、抽搐及大小便失禁等;四是皮肤过敏,表现为瘙痒、荨麻疹及其他各种皮疹;五是血液病清反应,主要是指颗粒性白细胞减少或缺乏症、血小板减少、再生障碍性贫血、溶血性贫血及巨幼红细胞性贫血等症状。

Q: 过敏反应患者该怎么选择植物油?

A: 　　大部分的过敏反应，如过敏性流鼻涕，通常都不是真正的过敏，而是导致过敏现象产生的组织胺过度分泌的反应，尤其是在压力大的时候，身体便会释放过多的组织胺，造成免疫系统的下降。坚持食用黑种草油或是大麻籽油，可有效缓解过敏症状。

过敏反应患者该怎么选择植物油?

油品名称	营养成分	疗　效	使用建议
大麻籽油	其中含有丰富的Omega-3脂肪酸、维生素E、镁、锌、铁、磷。	大麻籽油中的不饱和脂肪酸含量极高，含有γ-亚麻酸，具有很好的利用价值，可治疗皮肤损害、干燥、发炎、过敏等疾病。	每天摄入一大匙大麻籽油就可满足每日营养建议摄入量。
紫苏籽油	含有多元不饱和脂肪酸，主要成分为α-亚麻酸，还含有硬脂酸、棕榈酸、油酸、亚油酸等物质。	紫苏籽油可以使易引起过敏的白三烯和中间体血小板凝集活化因子的产量减少，而含有的迷迭香酸物质具有抗凝血、消炎止痛、抗病毒的功效，能够有效抑制氧化性过敏反应。	1 直接饮用：早晨空腹食用，成人每次5~10毫升；儿童减半，每日1~2次。 2 调和油：将紫苏籽油与大豆油、花生油、菜籽油等按照1:5或者1:10的比例混合均匀按照日常食用即可。
葡萄籽油	亚麻油酸、原花色素，还含有丰富的维生素F、矿物质、蛋白质以及彪牛儿酸、肉桂酸、香草酸等天然的抗氧化元素。	葡萄籽油中的亚麻油酸和原花色素具有超强的抗氧化能力，能抵抗自由基，帮助吸收维生素E和维生素C，保护肌肤中的胶原蛋白，对细嫩、敏感肌肤非常有益，适合过敏体质。	1 海鲜烹调：有去腥的作用，适合制汤及凉拌。 2 调和油：将葡萄籽油1~2升与市场上5升的食用油调和，可以改善油的品质和口感。

油品名称	营养成分	疗　效	使用建议
荷荷芭油	含有丰富的维生素A、维生素B、维生素E及钙、镁等微量元素，还含有胶原蛋白、植物蜡、鲸蜡醇。	荷荷芭油中含有丰富的维生素E和蛋白质，对皮肤具有非常好的滋润作用，适合过敏性肌肤，能帮助预防湿疹、干癣、疱疹及发炎症状。	皮肤保养配方： 10毫升荷荷芭油/2~5滴薰衣草/天竺葵/迷迭香精油。
杏桃仁油	丰富的油酸含量65%~70%，亚麻油酸约20%，饱和脂肪酸约9%，脂肪伴随物质1%~2%（大部分是γ–生育酚、维生素A、矿物质）。	杏桃仁油容易被肌肤吸收，适合所有肤质，对皮肤有很好的滋养作用，有效缓解瘙痒、疼痛、脱屑，能改善敏感性、干性肌肤。	杏桃仁油容易保存且油质不干涩。它的油脂富含大量的不饱和脂肪酸（尤其是油酸），十分适合作为保养用油： 基底油：杏桃仁油2毫升＋甜杏仁油2毫升＋紫苏籽油1毫升。 精油：洋甘菊精油2滴＋薰衣草精油2滴＋檀香精油1滴。
黑种草油	亚麻油酸含量50%~60%，油酸20%~25%，不饱和脂肪酸15%，α–次亚麻油酸15%，脂肪伴随物质0.5%~1%（其中主要是精油、维生素E及植物固醇的含量）。	黑种草油具有抗过敏（抗组织胺）、抑制发炎的特性，小朋友常见的发烧、过敏、气喘、出红疹等问题，就可以通过口服加涂抹来改善。黑种草油也被称作"肌肤食物"，富含不饱和脂肪酸、次亚麻酸，具有抗氧化功效，适合受损皮肤、干性和熟龄皮肤。	主要为外用，作为基础油涂抹于皮肤或者面部，也可以和其他基础油一起使用，如黑胡椒、罗马洋甘菊、天竺葵、丁香苞、尤加利、姜、薰衣草、杜松果和甜马郁兰等。

肥胖症
Obesity

Q: 什么是肥胖症?

A:

肥胖症属于慢性病，是一组常见的古老代谢症候群。据世界卫生组织统计，肥胖症是人类最容易忽视的疾病，发病率逐年上升，不仅多发于人类，许多宠物也会患上肥胖症，影响健康。当机体的热量多于消耗量时，多余热量便会以脂肪形式储存于体内，到达一定值时就会演变为肥胖症。

BMI指数是目前国际上常用的衡量人体胖瘦程度是否健康的标准，被称为是"身高体重指数"。其定义为：身高体重指数（BMI）= 体重（kg）÷ 身高^2（m）。例如：一个人的身高为1.65米，体重为52千克，他的BMI指数=52÷1.65^2=19.10，属于正常范围。

过　　轻	BMI<18.5
正　　常	24.99≥ BMI≥ 18.5
过　　重	32≥ BMI≥28
非常肥胖	BMI≥32

Q: 得了肥胖症会怎么样?

A:

肥胖症是人体内脂肪积聚过多所致的现象，不仅影响形体美，还会给生活带来极大的不便，更可怕的是肥胖症很容易引起多种并发症，加速衰老和死亡。据调查显示，肥胖症患者并发脑血栓和心衰的发病率比正常体重高一倍，患冠心病的概率比正常体重者高两倍，是健康长寿的大敌。

肥胖症患者往往怕热、容易出汗、疲劳，下肢浮肿、静脉曲张、皮肤皱折处易患皮炎等，严重肥胖症患者还会行动迟缓，行走困难，稍微运动就会心慌气短、丧失劳动力等，以致影响正常生活，也极易遭受各种外伤、车祸、骨折等。由于脂肪组织增多，耗氧量增加，心脏负荷过大，造成心肌肥厚，容易诱发高血压，患上冠心病、心绞痛、中风等疾病。除此之外，肥胖症患者的脏腑器官也会受损，易发生内分泌及代谢性疾病、心肺功能衰竭、肝胆病变或者是关节病变等。

Q: 肥胖症患者该怎么选择植物油?

A: 全方位均衡的饮食加上持之以恒的运动习惯能帮助粒腺体的活跃,所以丰富的不饱和脂肪酸元素就变得十分重要,它能加速细胞的获氧量,并释放出更多的体内热量能源,对于脂肪转换、消耗有正面的影响,宜使用含有丰富不饱和脂肪酸的纯天然植物油,能帮助消耗体内囤积的热量,帮助燃烧多余的热量,提升全面性的新陈代谢率。

肥胖症该怎么选择植物油?

油品名称	营养成分	疗 效	使用建议
亚麻籽油	富含极高比例的Omega-3脂肪酸,是已知植物油中含量最高的,其他还有α-亚麻酸。	亚麻籽油中的亚麻酸能将低密度脂蛋白转化为高密度脂蛋白,进而将胆酸排出体外,起到降血脂和降脂肪的双重功效。	在200毫升酸奶中加入15毫升亚麻籽油,用勺子搅匀后即可饮用,具有很好的减肥效果。
玉米油	1 含有多种维生素,如维生素A、维生素D、维生素PP、叶酸等,还含有钙、磷、铁、碘、铬、铜、硒等微量元素。 2 含有人体必需的油酸和亚油酸等。	玉米油是以玉米胚芽为原料精炼而成的,亚油酸含量丰富,长期食用能对心脑血管起到保健作用,大量的不饱和脂肪酸能够降低人体中的胆固醇、血压,有效预防动脉硬化及单纯性肥胖症。	适合快速烹炒、煎炸,这两种食用方法不仅可以保持原有的色香味,还能锁住玉米油中的营养成分。
苦茶油	苦茶油营养丰富,不饱和脂肪酸含量高达80%~94%或以上,油酸占到74%~87%,亚油酸达到7%~14%,还含有活性成分角鲨烯、林芝质、山茶甙、茶多酚等。	苦茶油中含有丰富的不饱和脂肪酸,而单不饱和脂肪酸能与体内的分解酵素产生作用,被碳酸分解转换为能量,阻断脂肪在内脏及皮下生成,从而达到帮助人体减肥的效果。	1 直接饮用:早上起床后直接空腹食用10毫升苦茶油。 2 食用油:凉拌、热炒、清蒸、煎炸、烘焙、调汤等。

油品名称	营养成分	疗 效	使用建议
棕榈油	约有44%的棕榈酸、5%的硬脂酸（两种均为饱和脂肪酸），40%的油酸（不饱和脂肪酸）、10%的亚油酸和0.4%的α-亚麻酸。	棕榈油中的中链甘油三酯能被人体快速吸收和消化。研究证明，食用中链甘油三酯的人的能量消耗和脂肪的氧化量大大增加，使人的饥饿感减弱，饱足感增强，有利于减肥。	红棕榈油不宜食用过多，建议每次食用量不超过10毫升。
米糠油	不饱和脂肪酸含量高达80%以上，其他还有丰富的维生素E、植物甾醇、角鲨烯、三烯生育酚、磷脂、谷维素等。	米糠油中含有维生素E及谷维素、谷甾醇等天然抗氧化剂，而且其脂肪酸的比例完全符合世界卫生组织推荐比例，即使长期食用也不容易发胖，是心脑血管病、肥胖症患者等喜爱的植物油。	1 凉拌：米糠油可以用来凉拌菜，但是不能多食，容易致癌。 2 煎炸：米糠油具有优质的煎炸性能，不起沫、不易氧化，能够保持食品的营养成分不流失。
红花籽油	主要含有亚油酸、棕榈酸、肉豆蔻酸、月桂酸、油酸等不饱和脂肪酸，还含有磷脂、维生素、甾醇、蛋白质等营养成分。	红花籽油能帮助人体的脂肪代谢，其含有的复合亚麻酸不仅能提供人体必需的脂肪酸，还能改善能量的储存与利用，适宜每天食用，有利于将多余的脂肪转化为能量，帮助肥胖症患者减少体内的顽固脂肪。	1 凉拌：红花籽油可以用作凉拌菜用油，增加风味和口感。 2 煎炸、烹炒：要注意油温不要超过255摄氏度，加热时间不宜过长。
小麦胚芽油	富含蛋白质、亚油酸、亚麻酸、甘巴碳醇及多种生理活性成分，维生素E的含量为目前已知植物油之最。	小麦胚芽油富含多种生理活性成分，是很好的保健食品。其丰富的不饱和脂肪酸能降低血液中胆固醇含量，促进人体新陈代谢，提高免疫力，提高脑细胞的活性，有利于预防肥胖症。	1 可直接口服，每日5毫升；也可作为辅料调拌凉菜。 2 小麦胚芽油适用于身体各部位，洁肤后，取适量涂抹于皮肤表面，轻轻按摩即可。

感冒
Influenza

Q: 什么是感冒？

A:

医学上将感冒称为是上呼吸道感染，简称上感，是鼻腔、咽喉部等急性炎症的统称，包括普通感冒、病毒性咽喉炎、细菌性扁桃体炎及疱疹性咽峡炎。我们通常讲的感冒是指急性呼吸道感染性疾病，发病率极高，多见于冬春换季之时。

感冒常见的病因中70%～80%都是由上呼吸道感染引起的，"凶手"就是病毒感染，主要有鼻病毒、冠状病毒、腺病毒、流感及副流感病毒等。另外一个"凶手"则是细菌感染，多为直接感染或是继发性感染。而导致人体免疫功能降低的原因也是非常多的，如受凉、淋雨、过度疲劳等，特别是老幼病弱等免疫功能低下者。

Q: 得了感冒会怎么样？

A:

感冒患者除了流鼻涕、咳嗽、咽炎、发热等常见症状外，还会出现很多并发症，如急性鼻窦炎、中耳炎、支气管炎、继发性风湿病、心肌炎等。根据病因不同，感冒症状也有很大的区别：

一般流行性感冒（俗称"伤风"）	起病较急，主要表现为打喷嚏、鼻塞、流鼻涕、咳嗽、咽干、咽痒或灼热感。一般无发热及全身症状，仅有低热、轻度畏寒、头痛等症状。
病毒性感冒	常有喉部发痒、咳嗽、咽痛、吞咽困难、咽部充血水肿、声音沙哑、讲话困难等。
急性疱疹性咽峡炎	表现为咽痛、发热，在儿童中比较多见，临床上表现为咽部充血、咽部及扁桃体表面有灰白色疱疹及溃疡等。
细菌性咽炎/扁桃体炎	主要是由溶血性链球菌、流感嗜血杆菌、肺炎球菌等引起的，起病较急，有明显咽痛、畏寒、发热、明显充血、扁桃体肿大等症状，或者是伴随有黄色脓性分泌物。

Q: 感冒了要怎么选择植物油?

A: 　　植物精油经常被用来治疗感冒方面的疾病。植物性的油脂对流鼻涕而造成的鼻黏膜发炎很有帮助,对黏膜干燥方面的舒缓也颇具疗效,可进一步让鼻子呼吸顺畅。舒缓鼻部问题的精油可以达到防止发炎、抗菌、抗病毒和保健功能。任何在市面上销售的植物油,都可以再进行调配,以便更好地帮助减轻感冒的不适。

感冒患者该怎么选择植物油?

油品名称	营养成分	疗　效	使用建议
葵花籽油	亚麻油酸20%、油酸约20%、不饱和脂肪酸约12%,还含有维生素E、类胡萝卜素、卵磷脂、植物固醇等物质。	葵花籽中富含多种不饱和脂肪酸和维生素等人体必需的营养成分,对治疗感冒非常有效。	若是因为伤风而感冒,可以先用葵花籽油滴入鼻腔,会有效缓解鼻塞症状。
山茶油	不饱和脂肪酸含量高达90%以上,其中油酸达到80%以上,并富含蛋白和维生素A、B、C、D等,尤其是它还含有丰富的亚麻酸,对人体非常有益。	山茶油可杀菌消炎,治疗伤风感冒、咳嗽、鼻炎、哮喘等症状,还能治疗女性月经不调及生殖器感染,能使头脑恢复清醒和活力,抵抗忧郁沮丧的情绪。	1 直接饮用:早上起床后直接空腹食用10毫升山茶油。 2 食用油:凉拌、热炒、清蒸、煎炸、烘焙、调汤等。
油菜籽油	芥酸、油酸、亚油酸、亚麻酸、生育酚及植物甾醇等。	传统中医认为,油菜籽油性温,味甘、辛,有润燥杀虫、散火丹、消肿毒的功效,并且极易被人体吸收,对大脑神经发育也很有益,能预防和缓解感冒症状。	1 油菜籽油具有一定的保质期,尽量买小包装的,放置太久的油不要食用。 2 油菜籽油具有一些"青气味",不适合做凉拌菜用。 3 每日建议摄取量为30毫升。

哮喘
Asthma

Q: 什么是哮喘?

A: 哮喘是一种常见病,俗称"气喘",也被称为"支气管哮喘""吼病",主要是指呼吸道感染,表现为反复发作、经久不愈,有的患者是从青少年起病,进入老年后仍然经常发作,病情发展极为缓慢。而发病的诱因也有很多种,如猫狗的皮屑、霉菌等过敏原的侵入、微生物感染、过度疲劳、情绪波动大、气候寒冷导致的呼吸道感染、天气突然变化或气压降低等都可能导致哮喘病发作。

Q: 得了气喘会怎么样?

A: 气喘病患者没有任何前兆症状,发作比较突然,尤其是很多人都是在深夜到天亮前发病,最初感觉喉咙很紧、胸闷、眼睛不舒服等,过了不久之后就会出现哮喘音、气喘、呼吸苦难等。严重时,会出现在起床后若不坐着就无法呼吸、咳嗽及咳痰等情形。

典型支气管哮喘	打喷嚏、咳嗽、胸闷、流鼻涕、干咳或咯大量白色泡沫痰、发绀等,可自行或用平喘药物等治疗后缓解。
非典型支气管哮喘	临床上分为外源性哮喘和内源性哮喘:前者常发生于童年,多有家族过敏史;后者则在成年期发病,无明显季节性和过敏性,可能由体内感染一起。

Q: 气喘病患者该怎么选择植物油?

A: 气喘病患者应该食用具有有效控制发炎现象及抗过敏特性的Omega-3脂肪酸及 γ–次亚麻油酸,对于抑制气喘毛病具有保护的作用。

油品名称	营养成分	疗　效	使用建议
亚麻籽油	粗蛋白、脂肪、氨基酸、α-亚麻酸、Omega-3脂肪酸、亚油酸、维生素E。	亚麻籽油中含有丰富的α-亚麻酸，对各种炎症介质和细胞因子具有抑制作用，并且不会带来不良反应，是哮喘病患者的优质食用油。	1 香草渍番茄，见P074。 2 双色田园，见P074。
大麻籽油	不饱和脂肪酸含量约为90%，还含有丰富的γ-亚麻酸及生育酚和植物甾醇，以及维生素E、钙、锌、铁和磷等微量元素。	大麻籽油被称为是最完美的天然食物，其中的ω-脂肪酸比例相当平衡，具有相当有效的抗炎作用，能够舒缓咳嗽、胸闷等不适症状。	取一茶匙的冷榨亚麻籽油、大麻籽油，另取姜黄粉适量，蜜糖一茶匙，搅拌均匀后食用即可。
澳洲胡桃油	含有丰富的不饱和脂肪酸、钙、磷、铁等微量元素，还含核黄素、硫铵素、烟酸及人体所需的17种氨基酸。	澳洲胡桃油中的脂肪酸含量比例均衡，对心脏病、癌症、关节炎及哮喘病患者病情的康复非常有利。	澳洲胡桃油有非常精致的果实香气，非常适合用来做甜点料理。
沙棘油	富含不饱和脂肪酸、黄酮类物质、维生素、植物甾醇、维生素及α-生育酚等多种活性物质。	传统中医认为，沙棘油具有止咳平喘、润肺化痰的功效。沙棘油中的有效物质能抗菌消炎，对于慢性咽炎、支气管炎、咽喉肿痛、哮喘、咳嗽等呼吸系统疾病具有很好的疗效。	1 直接口服：沙棘油味道芳香，适合口服，建议食用量为5~10毫升。 2 凉拌：在沙拉、酸奶或其他饮品中加入几滴沙棘油，可以改善口感，增加色泽。
黑种草油	高达50%~60%的亚麻酸，还含有维生素E、植物固醇等脂肪伴随物。	黑种草油中的黑种草酮和百里香氢醌能有效舒缓支气管收缩导致的呼吸困难、气喘、咳嗽等现象。	直接饮用：黑种草油可以通过口服或外涂来改善呼吸系统疾病。建议小剂量使用，时间为12~16周，最好是在医生的指导下服用。

哮喘患者该怎么选择植物油？

视力问题
Vision Problems

Q: 常见的视力问题有哪些?

A:

眼睛是人类的视觉器官，也是最重要的感觉器官之一。我们日常获取的信息约有80%都是通过眼睛，不论是读书识字、欣赏风景、明辨美丑等都要用到眼睛，它是我们不断获取信息的源泉。然而，据统计，全球约有700万人都有眼部问题，且以成年人和小孩居多，其中100万人是盲人，这些都说明视力问题已经逐渐成为影响我们生活质量的重要因素之一，而最主要、最常见的三种视力问题就是近视、远视和散光。

近视是指平行光线进入眼睛内部后，没有聚焦在视网膜上而是在视网膜前，导致看东西模糊不清；远视则是平行光线进入眼睛内部，聚焦在视网膜后，导致看远模糊、看近更模糊的现象；散光属于眼睛屈光不正的表现，可分为不规则散光和规则散光两种，前者是由于角膜病变，后者是角膜先天性异态变化或晶体互成垂直的两条子午线的曲率半径不一致而造成的。

Q: 得了视力问题会怎么样?

A:

眼睛出现了问题，就会影响我们正常的生活，不同的视力问题在临床上也呈现出不同的症状：

近视	1 眼干、眼涩、长期戴眼镜，导致生活不便。 2 升学、找工作受限。 3 近视患者患白内障、青光眼的概率比常人大。 4 眼睛变形，眼球突出，眼睑松弛，影响外貌。
远视	1 眼睛容易疲劳。 2 容易养成斜视的习惯。 3 若在发育阶段，会引发不同程度的弱视，视功能异常。
散光	1 模糊。轻度散光的人看东西时可能会出现头痛和视力模糊，严重散光者视物不清或者出现重影。 2 眼疲劳。由于视物扭曲，看图像时需要眼睛不断调节，就会导致眼睛疲劳。

Q: 视力问题患者该如何选择植物油？

A: 近视、远视、干眼症或者是眼睛受损等视力问题，都与个人的饮食问题有着密切的关系，除了植物性营养素如维生素及类黄酮外，Omega-3和Omega-6也是非常有帮助的。多元不饱和脂肪酸对于眼部功能非常重要，能够保护视网膜及预防眼部发炎的现象出现，特别是添加了亚麻籽油和姜黄的保健品，或者含有藻类和紫苏籽油成分的胶囊及玫瑰籽油、黑醋栗籽油等植物油都是优秀的视力保健食品。

视力问题患者该怎么选择植物油？

油品名称	营养成分	疗效	使用建议
紫苏籽油	含有多元不饱和脂肪酸，包括棕榈酸、硬脂酸、油酸、亚油酸及α-亚麻酸等物质。	紫苏籽油含有丰富的亚麻酸，是最好的促进大脑神经细胞发育的营养成分，可转化为DHA及EPA，是最高效的亚麻酸补充剂，对婴幼儿大脑发育、智力发育及视力发育极有好处，能够促进大脑和视力发育。	1 与大豆油、花生油和菜籽油一起按照1:5~1:10的比例混合后食用。 2 食用油：凉拌佐餐、烘焙糕点。 3 晨起后在牛奶或者奶酪中加入10~20毫升紫苏籽油饮用即可。
荷荷芭油	含有丰富的维生素A、维生素B、维生素E及钙、镁等微量元素，还含有胶原蛋白、植物蜡、鲸蜡醇。	荷荷芭油中含有丰富的维生素E和蛋白质，对皮肤具有非常好的滋润作用，适合过敏性肌肤，能帮助预防湿疹、干癣、疱疹及发炎症状。	皮肤保养配方： 10毫升荷荷芭油/2~5滴薰衣草/天竺葵/迷迭香精油。
榛果油	含有丰富的蛋白质、矿物质及维生素等。	榛果油的营养价值很高，能够帮助强化微血管，让细胞再生，还能促进眼部血液循环，缓解眼疲劳。	可以与精油一起制成眼霜使用： 茶树精油3滴，榛果油5毫升。

油品名称	营养成分	疗　效	使用建议
核桃油	含有丰富的不饱和脂肪酸和亚油酸，还有维生素A、维生素D等营养物质。	核桃油中富含天然的亚麻酸和维生素A、α-亚麻酸和亚油酸，尤其适宜刚出生的宝宝，有利于智力和视网膜的发育，能有效预防夜盲症和视力衰退，有助于治疗各种视力问题。	1 直接饮用：建议每日成人每日7~10毫升，儿童减半。 2 冲饮：在牛奶、酸奶或者豆浆中加入核桃油，可根据口味加入蜂蜜食用。
油菜籽油	油酸约占60%，亚麻油酸约占19%，α-次亚麻油酸约占9%，饱和脂肪酸约占13%，脂肪伴随物质高达1.5%（胡萝卜素、维生素E、维生素A等）。	菜籽油的原料是植物的果实，含有一定的种子磷脂，对血管、神经、大脑的发育十分有利，可帮助眼睛抵抗强光刺激，对小孩的弱视很有帮助。	1 可口服、加入饮品中、凉拌、炒，建议成人每天使用量为30毫升。 2 可用作按摩用油和皮肤保养油。
沙棘油	含有大量的不饱和脂肪酸，包括亚油酸、亚麻酸、油酸，还含有维生素E、类胡萝卜素、β-胡萝卜素、β-谷甾酸、花青素、槲皮素等活性分子。	沙棘油中含有抗辐射的成分，对人体重要的器官有保护作用，尤其适合长期坐在电脑前有"干眼症"等视力问题的患者。	1 直接口服：沙棘油味道芳香，适合口服，建议食用量为5~10毫升。 2 凉拌：在沙拉、酸奶或其他饮品中加入几滴沙棘油，可以改善口感、增加色泽。 3 调和油：与其他植物油按照1：10的比例调和。
葵花籽油	富含胡萝卜素、维生素A、葡萄糖、蔗糖及不饱和脂肪酸等，还含有微量的植物醇和磷脂。	含有丰富的维生素A和胡萝卜素，能够帮助治疗夜盲症，预防癌症，还能强身健体。	葵花籽油既可用于烹调，又可做凉拌和佐餐的调味油，但要注意的是油温不可过高。

鼻窦炎
Sinusitis

Q: 什么是鼻窦炎?

A: 　　鼻窦炎又称鼻旁窦炎、副鼻窦炎,是指鼻窦黏膜的化脓性炎症,是鼻科常见疾病之一,多发于儿童及年老体弱者中。鼻窦炎分为急性与慢性鼻窦炎两种:前者是由上呼吸道感染引起,主要受肺炎链球菌、溶血性链球菌、葡萄球菌、流感嗜血杆菌等细菌群和创伤源性感染、血源性感染、鼻腔源性感染等影响;慢性鼻窦炎有很多是因为急性鼻窦炎的治疗不彻底而引起的,导致反复发作、迁延不愈;另外,鼻息肉、鼻甲肥大、鼻腔结石、鼻腔肿瘤等阻碍气流的疾病也是慢性鼻窦炎的重要致病因素。

Q: 得了鼻窦炎会怎么样?

A: 　　鼻腔是人体重要的呼吸器官,若患上鼻炎、鼻窦炎等疾病,不仅影响工作、学习,还会对身体健康、大脑智力等带来危害。

全身症状	急性鼻窦炎:畏寒发热、精神不振、食欲下降,甚至出现抽搐、呕吐、腹泻等。 慢性鼻窦炎:可能有头昏、疲劳、抑郁、失眠、记忆力减退、注意力不集中、持续低热等症状,一般不明显。
局部症状	急性鼻窦炎:鼻阻塞、流脓涕、剧烈的头痛、嗅觉下降等。 慢性鼻窦炎:流脓涕、鼻塞、钝痛、耳鸣、耳聋、眼部有压迫感等。

Q: 鼻窦炎该怎么选择植物油?

A: 　　鼻窦炎患者除了按照医生嘱托正常服用药物治疗外,还可单独使用亚麻籽油或将亚麻籽油与油菜籽油以1:1比例混合进行按摩,可加强鼻腔内黏膜的抵抗力,长期使用可有效缓解及治疗鼻窦炎。

油品名称	营养成分	疗效	使用建议
菜籽油	油酸含量为14%~19%,亚油酸为12%~24%,亚麻酸少量,主要成分为芥酸。	菜籽油中的有效成分能够杀死鼻黏膜中的炎性细胞分子,缓解水肿和炎症,保护鼻腔免受细菌的侵袭,对治疗慢性鼻窦炎有一定的效果。	将菜籽油滴入双侧鼻腔中,每日一次,每侧为0.1毫升,能有效治疗鼻窦炎。
亚麻籽油	主要含有α-亚麻酸,其他一大部分属于钙、锰、锌、镁等矿物质,并且含有人体必需的氨基酸。	亚麻籽油具有抗过敏的效果,能够预防慢性鼻窦炎症。	将亚麻籽油与油菜籽油按照1:1的比例进行调和后做按摩油或者是食用都可。
花生油	40%~65%油酸、18%~38%亚油酸、15%~24%饱和脂肪酸,另外还富含棕榈酸、木蜡酸和山嵛酸、白藜芦醇、叶酸等。	花生油中含丰富的营养成分,是世界上公认的健康食品,具有抗菌消炎、凉血止血、补血养虚等功效,能预防鼻窦炎。	1 花生油耐高温,除了日常的烹炒外,还可以用于煎炸。 2 花生油炒菜时,先加热后再放盐,可清除花生油中存在的黄曲霉素。
芝麻油	含有人体必需的不饱和脂肪酸和氨基酸,居各种植物油之首,还含有丰富的维生素及铁、锌、铜等营养成分。	鼻窦炎患者出现鼻塞、打喷嚏、流鼻水等状况时,滴入适量芝麻油能够润滑鼻腔黏膜,有助于缓解不适症状。	用消毒棉球蘸取芝麻油涂于鼻腔患处,一次见效,两次症状全除,可缓解鼻窦炎症状。
摩洛哥坚果油	植物甾醇、α-亚麻酸、油酸、亚麻酸、棕榈酸、肉豆蔻酸、次亚麻油酸。	坚果油中含有人体必需的脂肪酸,能够帮助阻止水分从皮肤、鼻子、肺部、大脑、消化系统中流失,有利于保护鼻腔黏膜,是非常好的补药。	食用油:经常被作为橄榄油或其他油的替代品,有非常美味的坚果风味,可以凉拌、烹炒等。

牙龈问题
Gum Problem

Q: 常见的牙龈问题有哪些?

A:

　　牙龈又称齿龈,是指附着在牙颈和牙槽部分的黏膜组织,正常情况下呈有光泽的粉红色,内有很多血管和神经,对口腔健康具有重要意义。在我国,很多人的牙龈都是亚健康状态,有着或深或浅的毛病,牙龈出血、牙龈肿痛、牙周病、口腔溃疡等都是常见的牙龈问题。

　　牙龈出血主要由菌斑堆积引起龈沟内壁上皮发生溃疡,毛细血管扩张,胶原纤维破坏,最终造成牙龈发炎、出血症状。牙周病是最常见的口腔疾病之一,是指发生在牙周组织的疾病,包括牙周炎和牙龈病两种,是危害牙齿和全身健康的重要口腔疾病之一。口腔溃疡,俗称"口疮",又被称为复发性阿弗他溃疡、复发性口疮,是一种常见的发生于口腔黏膜的溃疡性损伤病变,常出现在唇内侧、舌头、舌腹、颊黏膜、软腭等部位,伴随剧烈疼痛感,影响日常生活和说话等。

Q: 牙龈有问题会怎么样?

A:

　　俗话说"病从口入",牙龈出现了问题,会直接对人体健康带来威胁:

牙龈出血	牙龈出血时,常伴随有口臭现象。
牙周病	口臭、疼痛、牙龈出血、牙齿松动、移位、咀嚼无力,甚至导致拔牙。
口腔溃疡	口臭、便秘、慢性咽炎、头痛、烦躁、淋巴肿大、恶心。
牙菌斑	危害牙龈和牙齿,易患龋齿和牙周病。

Q: 牙龈问题该怎么选择植物油?

A:

　　植物油可以吸收细菌和病毒,对去除口腔内寄生的各种有害微生物和毒素有很好的效果,因此用植物油漱口可以保护牙龈健康,是一种清洁口腔细菌的方式,可以降低蛀牙的患病率,保护牙齿健康。还可搭配精油,减轻发炎现象及牙菌斑的形成,预防牙肉问题和牙床产生病变,同样还能强化肠内的防御系统,间接地达到净化口气的效果。

油品名称	营养成分	疗　效	使用建议
菜籽油	胡萝卜素、维生素E、维生素B₃、葡萄糖、蔗糖、甾醇、维生素、亚油酸。	人体对菜籽油的吸收率很高。其所含的亚油酸等不饱和脂肪酸和维生素E等成分对人有一定的营养价值,长期食用有利于固定松动的牙齿,治疗牙齿出血、美白牙齿。	每日早餐前后各取5~10毫升葵花籽油,含在嘴里15~20分钟后吐出。若吐出来的是白色液体则为正常,若依然是黄色,就需要继续含着。需要注意的是,吐出后一定要记得刷牙漱口。
橄榄油	富含丰富的单不饱和脂肪酸——油酸、维生素及抗氧化物等。	橄榄油具有抗菌消炎的功效,不仅消灭口腔里的细菌,还能促进伤口愈合,对牙周炎、牙龈肿痛等很有帮助。	每天晨起后,空腹将10~15毫升橄榄油含入口中漱口,舌头不断搅动,以便能冲刷口腔各处,坚持15~20分钟即可。将橄榄油吐出后,一定记得刷牙,不然会有很多口腔里的细菌入侵脏腑。
芝麻油	维生素E、维生素B₁、亚油酸、蛋白质、芝麻素、麻糖、多缩戊糖、钙、磷、铁等营养成分。	美容养颜、防止牙齿脱落、帮助改善口腔异味。	患有牙周炎、口臭、扁桃体炎、牙龈出血时,每天含半匙芝麻油可减轻症状。
黑醋栗籽油	亚麻油酸含量44%~48%、γ-次亚麻油酸11%~18%、α-次亚麻油酸10%~15%、油酸8%~16%、十八碳四烯酸2%~4%、脂肪伴随物质约2%。	人体缺乏维生素C时,容易导致牙龈营养不良,引发牙龈的萎缩退化,易发生牙龈红肿出血及牙周病。黑醋栗籽油中含有的维生素C具有抗氧化作用,能坚固牙齿、保护牙龈。	黑醋栗籽油与大麻籽油及亚麻籽油的混合搭配能达到最好的效果,可用作日常食用油。

忧郁症
Melancholia

Q: 什么是忧郁症?

A:

忧郁症又称抑郁症、神经症性抑郁症，属于情感性疾病，也是神经官能症的一个症状。忧郁症的发病原因主要是由心理、社会等因素引起的，表现为持久的情绪低落、思维迟钝、言语迟缓等典型症状，并常常伴随失眠、焦虑、恐惧、强迫症、神经衰弱等多种病症。

忧郁症是一种机体功能失调的现象，可以是原发的，也可能是继发性的。作为一种周期性发作的疾病，忧郁症可见于各年龄阶段，尤其在老年人和女性中尤为常见。根据我国精神病分类方案与诊断标准，可将抑郁症分为以下几类：轻度抑郁症、无精神性症状的抑郁症、有精神病性症状的抑郁症、复发性抑郁症等。另外，根据抑郁症致病因素的不同，还可将抑郁症分为先天性抑郁症、外无刺激型抑郁症、隐匿性抑郁症、学习困难型抑郁症、药物刺激引起的继发性抑郁症、产后抑郁症、身体其他疾病引起的继发性抑郁症等。

Q: 得了忧郁症会怎么样?

A:

忧郁症患者长期精神低落，对生活丧失希望和信心，悲观厌世，严重者甚至有自杀倾向等，严重干扰生活和工作，并对家庭和社会带来沉重负担。根据世界卫生组织和哈佛大学的一项联合调查研究发现，忧郁症已经逐渐成为中国疾病总负担的第二大疾病。

精神抑郁	这是忧郁症患者最明显的特征，主要表现为情绪低落、恐惧、焦虑、悲观、绝望、易怒，甚至有自杀倾向。
睡眠问题	大部分忧郁症患者都会出现失眠、入睡困难、睡眠浅及易做噩梦等，而长期的睡眠不足又会造成患者醒后心情抑郁不佳，形成恶性循环。
身体机能	食欲下降、体重降低、消化不良、肠胃胀气等消化系统紊乱症状；还可能会引起心悸、胸闷、气短等问题。
其他问题	有些患者可能会出现记忆力衰退、反应迟钝、性欲低下、急躁等行为。

Q: 忧郁症该怎么选择植物油？

A: 忧郁症患者的情绪不稳定，还会失眠、腰酸背痛、头痛等，而Omega-3脂肪酸在治疗忧郁症方面很有效果。医学研究表明，每天食用含有Omega-3脂肪酸的海藻油及鱼油可以有效平衡及改善情绪不稳，同样也能缓和恐惧感、精神不振、失眠或性冲动症状。

忧郁症该怎么选择植物油？

油品名称	营养成分	疗 效	使用建议
南瓜籽油	亚麻酸、亚油酸、植物甾醇、氨基酸、白胺酸、维生素以及锌、镁、钙、磷等营养物质。	南瓜子油中的白胺酸、铁及维生素B_6能帮助身体里的血糖转化为葡萄糖，成为脑部运转的燃料，让人保持旺盛的精力，进而有效缓解忧郁症。	1 调和油：将南瓜子油与大豆油、花生油、菜籽油等按照1:5~1:10的比例混合均匀。 2 凉拌佐餐。
葵花籽油	含有维生素A、维生素D、维生素E、胡萝卜素、葡萄糖、植物固醇、卵磷脂，并且富含多种不饱和脂肪酸。	丰富的胡萝卜素进入人体后会转化为维生素A，能够保护神经系统，缓解压力，帮助抵抗抑郁症。葵花籽油还含有较多的维生素B_3，能治疗神经衰弱和抑郁症等精神疾病。	1 食用避免高温。 2 保存期为12~18个月。 3 可以用作烹调用油，凉拌佐餐也可以。
紫苏籽油	含有多元不饱和脂肪酸，包括油酸、亚油酸、α－亚麻酸。	紫苏籽油含有丰富的Omega-3脂肪酸，可以减少身体的疲惫和压力时产生的有害化学物质，还可以增加脑部传递介质，加强脑部活动，令脑部运动更加稳健，有利于稳定情绪、保持心境平和，缓解失眠。	1 调和油：与大豆油、花生油和菜籽油一起按照1:5~1:10的比例混合后食用。 2 晨起后在牛奶或者奶酪中加入10~20毫升紫苏籽油饮用即可。

油品名称	营养成分	疗　效	使用建议
亚麻籽油	粗蛋白、脂肪、氨基酸、α－亚麻酸、Omega-3脂肪酸、亚油酸、维生素E。	亚麻籽油中的有效营养物质能够加强脑部活动功能，令大脑运转更加顺畅，还能改善和平衡身体血糖量，增强活力、舒缓压力，起到稳定情绪、平和心态、解决忧郁症困扰的作用。	每天坚持食用20~60毫升（根据体重调节）亚麻籽油，坚持6周后会有明显效果，抑郁病患者的精神和精力明显提高，精力充沛。
大豆油	亚麻油酸占50%，油酸占25%，饱和脂肪酸约占15%，α－次亚麻油酸占8%~11%，脂肪伴随物质占0.5%~2%，其中尤其是大豆卵磷脂的成分以及维生素E。	大豆油含有的大豆卵磷脂，有益于神经、血管、大脑的生长发育。含有多种营养物质，既能帮助抑郁症患者补充流失的营养，还能帮助舒缓情绪，解决忧郁症患者的困扰。	1 冷压大豆油适合煎、煮、炸、甜品等。 2 精制大豆油适合煎、煮、炸、炖等。
酪梨油	富含单不饱和脂肪酸——油酸、蛋白质、维生素A、维生素B、维生素C、维生素E、胡萝卜素、卵磷脂、矿物质等。	酪梨油中含有丰富的维生素B及钙、磷等矿物质，有助于缓解抑郁情绪；丰富的维生素E及卵磷脂也是对人体极为有益的，有助于增强免疫力，预防和治疗抑郁症。	将10~15毫升酪梨油加入牛奶或饮品作调味用，就可以直接饮用。
海藻油	含有丰富的多元不饱和脂肪酸，约为58%，其中长链Omega-3脂肪酸占了大部分；饱和脂肪酸约为38%。	海藻油中的不饱和脂肪酸能够帮助稳定情绪，治疗精神不集中、躁郁、恐慌或者缺乏行动力的症状。	1 市场上售卖的海藻油胶囊。 2 作为鱼油的替代品。

更年期综合征
Climacteric Syndrome

Q: 什么是更年期综合征？

A: 更年期综合征，又称为是围绝经期综合征，是由雌激素水平下降而引起的一系列症状。更年期妇女由于卵巢功能减退，垂体功能亢进，分泌过多的促性腺激素，引起自主神经紊乱。妇女进入绝经期后，家庭和社会环境的变化都可加重其身体和精神负担，使原来已有的某些症状加重。有些本身精神状态不稳定的妇女，更年期综合征就更为明显，甚至喜怒无常。

Q: 得了更年期综合征会怎么样？

A: 更年期综合征的临床表现为四肢乏力、失眠忧郁、情绪不稳定、心悸胸闷、性交不适、出汗潮热、月经紊乱、体重增加、肌肉疼痛、血压升高、面部出现皱纹等。具体表现为：

1 月经紊乱，周期延长，经量减少。	2 月经周期缩短，经量增多。
3 周期、经期、经量没有规律。	4 骤然停经。
5 阵发性潮热，出汗，伴有头痛、头晕、心悸、胸闷、恶心等症状。	6 注意力不集中、易怒、失眠、多梦、精神抑郁等。
7 生殖器官不同程度萎缩。	8 乳房下垂、萎缩，尿频、尿失禁等。

Q: 更年期综合征该如何选择植物油？

A: 面对每种不同的转变都有正面的影响，这同时也正是女人会遇到的变化，更年期是女人一生中，在青春期之后会面临的第二次身体大改变更年期过程中，因为体内激素和生活形态的改变，大多数的妇女都会出现易怒易燥、睡眠不安或是阴部干燥等问题。若想减轻这种症状，可以将石榴籽油、月见草油或是琉璃苣籽油，以及橄榄油、摩洛哥坚果油及亚麻籽油等内服。

更年期综合征患者该怎么选择植物油？

油品名称	营养成分	疗　效	使用建议
石榴籽油	石榴酸约68%、油酸约11%、亚麻油酸10%、饱和脂肪酸约6%、脂肪伴随物（植物激素、多种维生素、类黄酮、矿物质）。	石榴籽油综合了月见草油和沙棘油的优点，能调节失调的体内激素；而石榴酸是一种强力抗氧化剂，能够保护人体免疫系统，预防细胞老化，对女性更年期症状有很大的帮助。	1 直接饮用：每人每日建议摄取量为10~20毫升。 2 基础按摩油：直接涂抹在皮肤上，使皮肤白皙亮丽，还能缓解小腹不适症状。
月见草油	亚麻油酸约67%、γ-亚麻油酸8%~14%、油酸约11%、饱和脂肪酸8%、脂肪伴随物1.5%~2.5%。	月见草油中的多元不饱和脂肪酸对于体内激素的分泌有相当正向的作用，对女性激素失调而出现的更年期症状能够平稳情绪，缓解焦虑、高度紧张的情绪。	将月见草油与玫瑰精油、天竺葵精油及茉莉精油等混合调和成按摩油使用。
琉璃苣籽油	含有丰富的γ-亚麻油酸、ω-6亚油酸等不饱和脂肪酸及多种维生素和矿物质成分。	琉璃苣籽油能够舒缓更年期女性躁郁、忧郁、情绪不稳定等症状，还能缓解更年期的潮红热。	食用琉璃苣籽油的时候，要避免加热，在上桌前加入到食物中即可。
玫瑰籽油	γ-亚麻油酸、不饱和脂肪酸、棕榈酸、柠檬酸、维生素A、维生素C、类胡萝卜素。	玫瑰籽油中的天然抗氧化物能够延缓细胞衰老，能在短期内修复幼纹及黯淡无光的肌肤，延缓衰老。	按摩精油配方：薰衣草精油2滴，胡萝卜种子精油2滴，玫瑰籽油3毫升，荷荷芭油3毫升。
小麦胚芽油	维生素E、亚油酸、亚麻酸、蛋白质、矿物质，并含有人体必需的8种氨基酸，还有钙、铁、锌、镁、钾、磷等微量元素。	是一种具有营养保健作用的功能性油脂，含有维生素E等丰富的抗氧化分子，能抑制氧化脂质的形成，保护细胞膜，促进人体新陈代谢，延缓衰老，辅助治疗更年期障碍。	1 口服，每日5毫升。 2 洁肤后，取适量涂抹于皮肤表面，能有效保护肌肤免受自然环境的伤害，对滋润干燥和眼部周围老化的肌肤尤其有效。

经前期综合征
Premenstrual Syndrome

Q: 什么是经前期综合征?

A:

经前期综合征是指女性在月经周期的后期表现出的一系列生理或情感方面的不适症状,在月经来潮后会自动回复到正常状态。在这段时间,女性的情绪异常糟糕,充满紧张、焦虑和不安,非常容易大怒,而且乳房也会出现胀痛感,还总有饥饿感,总觉得没有吃饱,皮肤也变得比较糟糕,痘痘又大又痛。有的患者还会出现腹痛、腹泻。

经前期综合征给女性生活带来了诸多不便,也是育龄妇女发病率较高的疾病之一,主要是由生理和社会心理等多种因素导致。严重的经前期综合征(经前期烦躁不安精神障碍),包括17种生理或者心理的症状:抑郁、无助和负罪感、焦虑、情绪不稳、易怒、兴趣降低、注意力不集中、疲劳、食欲亢进、睡眠障碍、易受打击、协助能力差、头痛、疼痛、水肿、乳房胀痛、压力大等。在月经后会得到舒缓、消失。目前治疗的主要方法是缓解或消除身心不适症状,以减少对日常生活和人际交往的影响。

Q: 得了经前期综合征会怎么样?

A:

经前期综合征的发病率很高,在95%的育龄女性中都曾出现过,其中症状严重者约占5%。那么,得了经前期综合征会怎么样呢?

1 经前牙痛:部分患者会在经前一两星期内,出现剧烈牙痛,主要是因为牙髓和牙周黏膜血管因重量影响而扩张充血,当受到刺激后便会发生阵痛。这并非是牙齿疾病,无须治疗,平常注意忌吃酸冷食物即可。

2 身体上:乳房胀痛、头颈背痛、食欲增加、嗜吃甜食、疲倦易懒等。

3 精神上:情绪低落、易怒、焦虑、失眠、性欲降低、沮丧、疲劳等。

4 经前咯血:有的女性在经前可能发生咯血现象,是因体内雌激素显著变化而引起气管和血管充血,渗透性增加,待月经干净后便会不药而愈。

Q: 经前期综合征患者该怎么选择植物油?

A: 巧妙利用植物油对于治疗女性经前期综合征很有帮助,在月经来前的8天左右,每天服用一粒月见草油胶囊或是琉璃苣籽油,有不错的效果,也可将石榴籽油涂抹在颈部及手腕或心脏四周处。

经前症候群患者该怎么选择植物油?

油品名称	营养成分	疗 效	使用建议
月见草油	γ-次亚麻油酸、亚麻油酸、亚油酸、硬脂酸、维生素及矿物质。	γ-次亚麻油酸能调节女性激素分泌,女生痛经一部分原因是因为饮食中缺乏会转变成γ-次亚麻油酸的亚油酸的摄取,所以在月经来之前,情绪就很容易不稳定。服用适量月见草油后,能够有效平稳情绪的波动,使人冷静。	1 在月经前一周开始口服月见草油,每次建议用量为10毫升,可有效调节经期紊乱等症状。 2 将月见草油与玫瑰精油、天竺葵精油及茉莉精油等混合调和成按摩油,按摩下腹部即可。
琉璃苣籽油	含有丰富的γ-亚麻油酸、ω-6亚油酸等不饱和脂肪酸及多种维生素和矿物质成分。	琉璃苣籽油含有只有在母乳中才有的γ-亚麻酸,对肌肤有保湿滋润的功效,最重要的是它还能缓解乳房胀痛感,有利于治疗经前症候群。	活血配方: 琉璃苣籽油10毫升,依兰精油5滴,每天按摩即可。
葡萄籽油	亚麻油酸、原花色素、叶绿素、果糖、葡萄多酚、维生素F、矿物质、蛋白质、彪牛儿酸、肉桂酸、香草酸。	葡萄籽油中含有各种天然的抗氧化物质,如亚麻油酸、彪牛儿酸、肉桂酸等,能修复细胞膜和细胞壁的功能,促进细胞新生,延缓老化,预防衰老,调节内分泌失调引起的各种问题。	1 适合凉拌、烹炒、清蒸、调味等。 2 调和油:将葡萄籽油与花生油、大豆油等按照一定比例调和食用。 3 每日饭前温开水冲服,每次5~10毫升。

油品名称	营养成分	疗效	使用建议
黑醋栗籽油	富含 γ-次亚麻油酸、维生素C、维生素B₁、花青素以及人体必需的18种氨基酸和钙、磷、钾、铁等微量元素。	含有丰富的花青素和维生素C，可以维持细胞的健康，保留细胞中的水分，对于缓解经前症候群具有很大的帮助。并且，服用黑醋栗籽油还能舒缓湿疹及瘙痒肤质，保护皮肤健康。	舒压配方：荷荷芭油8毫升，黑醋栗籽油2毫升，甜橙精油2滴，快乐鼠尾草精油2滴，马郁兰精油2滴。
石榴籽油	主要成分是石榴酸，含量高达70%~80%，其他还有亚麻酸、亚油酸、油酸、棕榈酸及硬脂酸等抗氧化分子。	石榴籽油富含抗氧化因子，可以有效抵抗人体炎症和自由基的破坏，具有很强的清除人体自由基和延缓衰老的作用，还能美白肌肤，让饱受经前期综合征折磨的女性重获新生。	1 直接饮用：每人每日建议摄取量为10~20毫升。 2 基础按摩油：直接涂抹在皮肤上，使皮肤白皙亮丽，还能缓解小腹不适症状。
芝麻油	含有多元不饱和脂肪酸和人体必需的多种氨基酸、维生素E及钙、锌、铁等微量元素。	芝麻油中含有较多的维生素E及铁、钙等物质，能帮助女性更好地保护身体健康，促进新陈代谢，使女性雌性激素浓度增高，提高生育力，预防流产。	1 成人每日建议摄取量为10~20毫升。 2 急性肠炎、腹泻等病症患者忌食。
小麦胚芽油	维生素E、亚油酸、亚麻酸、蛋白质、矿物质，并含有人体必需的8种氨基酸，还有钙、铁、锌、镁、钾、磷等微量元素。	是一种具有营养保健作用的功能性油脂，能调节内分泌，防止色斑、黑斑及色素的沉淀；含有维生素E等丰富的抗氧化分子，能抑制氧化脂质的形成，保护细胞膜，阻止自由基的生成，促进人体新陈代谢，延缓衰老，辅助治疗更年期障碍。	1 可直接口服，每日5毫升。 2 洁肤后，取适量涂抹于皮肤表面，轻轻按摩，可有效保护肌肤免受自然环境的伤害，对滋润干燥和眼部周围老化的肌肤尤其有效。

小儿多动症

Attention Deficit Hyperactivity Disorder

Q: 什么是小儿多动症?

A:

小儿多动症,又被称作是注意缺陷障碍、儿童多动症,又被简称为"多动症",是儿童很常见的一种心理障碍。小儿多动症是一种慢性神经发育障碍,表现为与年龄和发育水平不平衡的注意力不集中或者是活动过度,并伴随有学习障碍、品行障碍和冲动等性格问题,严重影响孩子的身心健康和学业发展。小儿多动症的发病原因主要有以下三种:

遗传因素	和患者有血缘关系的亲属较多有注意力不集中的表现,就会导致宝宝的患病率增加。母亲在孕期若有大量吸烟或者酗酒史也会造成宝宝患上多动症。
社会、生理因素	长期生活在社会环境或者是家庭条件恶劣的环境下,也会对小儿造成很坏的影响。还有就是孩子可能服用药物,造成了脑损伤。
家庭和心理因素	教养不当,父母离婚、贫穷、父母道德不良;父母有酗酒、吸毒或者精神病史等。家境微寒、住房拥挤、受虐待等都可能是发病诱因。

Q: 得了小儿多动症会怎么样?

A:

小儿多动症的临床表现随着年龄的不同,表现也各有差异:

0~4岁	1 爱哭闹、进食困难。 2 动作不协调,却又爱活动。 3 注意力不集中或者难以维持长时间。
4岁以后	1 无法集中注意力。 2 坐立不安,在凳子上扭来扭去,手脚不停,行为和活动过多。 3 自控能力差,爱说谎,逃课、个性执拗、缺乏是非观。 4 上课不听讲,易跑神,学习困难,记忆力、语言表达能力不如同龄人。 5 患儿动作笨拙,不协调,一些最简单的动作如系纽扣、系鞋带、穿衣服等都不灵活,走路也常常是东倒西歪的。
成年以后	易与同事发生争执、经常变换工作、开车冲动、不遵守交通规则等。

Q: 小儿多动症该怎么选择植物油？

A: 针对小儿多动症，可以在饮食中改用Omega-3及Omega-6脂肪酸。细胞膜脂质的品质是决定大脑新陈代谢的最主要因素，亚麻籽油和大麻籽油能提供细胞膜脂质的养分，雪松籽油和月见草油也都是不错的选择。另外，小孩子的神经系统对于劣质植物油和硬化性脂肪的反应非常敏感，因此注重植物油品质也是非常重要的。

小儿多动症该怎么选择植物油？

油品名称	营养成分	疗　效	使用建议
月见草油	含有多种脂肪酸，主要为亚油酸、γ-次亚麻油酸、油酸、硬脂酸、棕榈酸等。	中医认为，月见草油味苦、微辛、微甘、性平，具有活血通络、息风平肝、消肿敛疮的功效，主治中风偏瘫、风湿麻痛、腹痛腹泻及小儿多动症。	内服：制成胶丸、软胶囊等，每日1~2毫升，每日2～3次。
松籽油	富含不饱和脂肪酸，如亚麻酸、亚油酸、松油酸，还含有丰富的维生素。	松子油中含有的亚麻酸与亚油酸的比例为黄金比例，更有益于人体吸收与利用，发挥最大的营养功效，还具有抗菌消炎，抵抗各种真菌、病毒感染，提高人体免疫力的作用。	1 直接饮用或凉拌，注意要避免高温加热，每日建议摄取量为10~15毫升。 2 婴幼儿辅食：取1~2毫升松子油添加到牛奶或其他辅食中即可。
紫苏籽油	棕榈酸含量4%~12%，硬脂酸1%~4%，油酸10%~25%，亚油酸10%~25%，α-亚麻酸高达50%~70%。	紫苏籽油中含有的Omega-3脂肪酸，可以减少身体的疲惫和压力时产生的有害化学物质，还可以增加脑部传递介质，加强脑部活动，令脑部运动更加稳健。	1 调和油：与大豆油、花生油和菜籽油一起按照1:5~1:10的比例混合后食用。 2 食用油：凉拌佐餐、烘焙糕点。

油品名称	营养成分	疗　效	使用建议
黑醋栗籽油	富含α-次亚麻油酸、γ-次亚麻油酸、维生素C、维生素B₁、花青素以及人体必需的18种氨基酸和钙、磷、钾、铁等微量元素。	黑醋栗籽油中的次α-亚麻油酸、十八碳四烯酸与γ-次亚麻油酸三种物质对脑内物质代谢、神经性皮炎及过敏性症状及小儿多动症都有很大的稳定作用。	黑醋栗籽油与大麻籽油及亚麻籽油的混合搭配能达到最好的效果。
亚麻籽油	含有丰富的α-亚麻酸、亚油酸、油酸，并且亚麻籽油中氨基酸的种类齐全，维生素E的含量也比较多。	亚麻籽油中含有的丰富α-亚麻酸，而这种亚麻酸中的二十二碳六烯酸（DHA）在视网膜及脑神经中大量存在，对婴幼儿的成长发育非常重要，所以适量食用可以增强宝宝智力，辅助治疗多动症。	将200毫升亚麻籽油与25毫克的维生素C混合后口服，每日两次，坚持三个月，可以治疗小儿多动症。
大麻籽油	不饱和脂肪酸含量约为90%，还含有丰富的γ-亚麻酸及生育酚和植物甾醇，以及维生素E、钙、锌、铁和磷等微量元素。	大麻籽油中含有人体所需的最平衡的油脂来源，有利于帮助恢复人体免疫功能，还是大脑及神经系统功能运作、发育和制造细胞膜不可或缺的要素。	取一茶匙冷榨亚麻籽油、大麻籽油，另取姜黄粉适量、蜜糖一茶匙，搅拌均匀后食用即可。可治疗注意力不足、小儿多动症等疾病。
沙棘油	α-次亚麻酸29%~37%、亚麻油酸33%、油酸17%、α-次亚麻油酸、饱和脂肪酸12%、脂肪伴随物质（特别是胡萝卜素以及生育酚这两种成分）。	沙棘油中含有多种氨基酸、维生素及微量元素，还含有能够在人体内转化为EPA和DHA的α-亚麻酸，对小儿的智力发育和身体成长均有很好的作用，长期食用有利于提高孩子的智力水平。	1 直接饮用：每日两次，每次2~4毫升，直接饮用即可。 2 市面上的沙棘油一般会制成胶囊出售，每次两粒，每日3次即可。

皮肤疾病

Disease of Skin

Q: 什么是皮肤?

A:

很多人都认为皮肤上既没有血管也没有淋巴结，更没有神经系统，只是由死掉的细胞所组成的一层遮盖物而已。然而它的功能绝不仅仅是如此，皮肤是很好的生物体防护罩，是人体最专业的防疫系统，与我们的生命有极重要的关系。

作为人体最重要的防御系统，皮肤分为三个部分：表皮层、皮下组织和真皮层。此外，表皮层外面还有一层薄膜，称作皮脂膜，是身体抵抗外界环境最外层的保护膜，由皮脂腺分泌的脂肪与汗腺分泌的汗水所组成，属于身体自然的乳化现象（脂肪与水分的混合称为乳化）。皮脂膜偏弱酸性，有利于对身体无害的原生菌生存，具有抗细菌、抗真菌感染和抵御少部分病毒入侵的作用。一旦这套人体最大的免疫系统运转异常，便会产生许多皮肤问题，常见的如青春痘、疱疹、黯沉、水痘、瘙痒、红斑、皮炎、荨麻疹等等。

Q: 得了皮肤疾病会怎么样?

A:

皮肤病是有关皮肤的疾病，种类繁多，有1000多种，是影响健康的常见病和多发病。受内外因素的影响，其形态、结构和功能均发生变化，发病率极高，症状一般较轻，对身体健康影响较小，仅有极少数严重的皮肤病会危及生命。不同的皮肤病临床表现也不一样：

瘙　痒	这是皮肤病患者最常见的症状，程度不一，或是某一部位或是全身瘙痒，具有阵发性和持续性的特点，常见于湿疹、荨麻疹、皮炎、外阴肛门等瘙痒。
疼　痛	疼痛与瘙痒一般是相伴而生，当对皮肤的刺激程度比较小时反应为瘙痒，刺激大时就表现为疼痛，在急性感染性皮肤病中比较常见。
原发性皮损	最先出现的原始性损害，如斑疹、丘疹、水疱、脓疱、结节、囊肿等。
继发性皮损	指进一步损害或者好转的皮肤症状，如鳞屑、痂皮、糜烂、溃疡、瘢痕等。

Q: 皮肤疾病该怎么选择植物油？

A: 植物性油脂和脂肪可渗入角质层和表皮层内，容易被人吸收，并能促使身体的修复。像亚麻籽油这类的脂肪酸和脂肪附加营养物以使皮肤的防御增活化、再生，然后水分就会被锁在皮肤里面，帮助皮肤形成"皮脂保护膜"。亚麻油酸会通过酵素的作用转变成脂肪酸，然后影响细胞组织的增生，起到抗皱的效果，在皮肤病、晒伤、皮肤受伤等方面很有帮助。

不同的皮肤疾病患者该怎么选择植物油？

皮肤疾患者群	症 状	疗 效	使用建议
敏感性肌肤	细致、薄嫩及易发红的皮肤状态，很容易因体温上升而热起来，甚至可以看到血管，对于化学和物理的刺激也格外强烈。	应该选用不会造成皮肤发热的植物油类，如芝麻油、橄榄油、椰子油、可可脂、葡萄籽油。就混合油类的配方，效果最好的是"高功能性油类"。	按摩油配方：甜杏仁油30毫升，椰子油10毫升，月见草油10毫升。
呵护宝宝肌肤	婴幼儿肌肤非常薄，黑色素组成细胞、角质层的防御功能、皮肤油脂腺、汗腺及免疫功能等尚未发育完全，易受外部细菌及环境的影响。	在适合婴幼儿的肌肤中，最好的就是甜杏仁油，闻起来有浓郁且完美的核果香，并且富含大量油酸，对肌肤有保护作用。椰子油对婴幼儿的皮肤保养作用也非常受推崇，有深层滋养及抗菌效果。	按摩油配方：50毫升甜杏仁油，30毫升葵花籽油，20毫升椰子油。 宝宝洗完澡后，轻揉涂抹在屁屁上，可以保湿滋润。
手部问题	经常洗手也会损坏手部防护功能，导致红肿、发炎、过敏等。而到了冬天，空气干燥、气温降低，手部还会出现龟裂、干裂等问题。	应该选择乳油木油和荷荷芭油产品，能有效滋润手部肌肤，让双手白嫩如昔，并散发出迷人的芳香。	配方：60毫升乳油木油，40毫升荷荷芭油。在水温不超过60摄氏度的水盆里，将这两种油混合均匀，直到互相溶解为止。

皮肤疾患者群	症 状	疗 效	使用建议
皮肤瘙痒、疤痕	人在紧张的时候，皮肤会慢慢紧缩，表示神经系统也处于一个高度紧绷状态，易引发皮肤瘙痒及刺激感。	将调和好的石榴籽或者玫瑰籽油涂抹在身上，能使皮肤感到自在不紧绷，缓解瘙痒、疼痛的肌肤症状。	按摩油配方：25毫升玫瑰籽油，25毫升乳油木油，再加入几滴（最多20滴）沙棘油，把所有材料倒入盆中加热并搅拌均匀。
银屑病	属于慢性皮肤发炎、感染的症状，通常与遗传的基因构造有关。	使用高抗炎功能的γ－次亚麻油酸及Omega-3脂肪油能够有效克制这类症状，对银屑病关节炎患者也有帮助，如椰子油、亚麻籽油、橄榄油、摩洛哥坚果油、月见草油等。	50毫升椰子油在水盆中微微加热，等它溶解，再加入50毫升摩洛哥坚果油混合。最后滴入下列精油：3滴松红梅精油、7滴佛手柑精油、3滴玫瑰精油。
褥疮	褥疮较易威胁到久病卧床患者的皮肤，长时间躺卧在床，容易使得血液流通不畅，内部结缔组织的养分和氧气不足，会造成皮肤的坏死。	应该选择植物性的油脂和脂肪。圣约翰草油、金盏菊油、橄榄油或甜杏仁油在褥疮的预防方面很有效果。	按摩油配方：100毫升金盏菊油，10滴薰衣草精油，5滴玫瑰天竺葵精油，5滴马鞭草酮迷迭香精油。 涂抹在长时间压住的重点部位，每日数次轻揉按摩。
橘皮组织	又称橙皮纹或蜂窝组织，是妇女结缔组织中的常见现象，主要是因为女性的雌激素较高，而皮下结缔组织张力不均匀及强度不足造成的。	应选择黑醋栗籽、月见草、琉璃苣籽或是石榴籽油，都有影响激素功能的作用。还可大量交替使用不同的植物油，在沐浴后涂抹在橘皮部位按摩即可。	按摩油配方：100毫升芝麻油，8滴杜松浆果油，6滴胡椒薄荷油，8滴雪松精油，12滴丝柏精油。